纺织服装类职业教育『十四五』部委级规划教材

服装立体裁剪

DRAPING FOR APPAREL DESIGN

陈凌云 肖红梅 ◎ 主编

东华大学出版社·上海

图书在版编目（CIP）数据

服装立体裁剪 / 陈凌云，肖红梅主编 . -- 上海：东华大学出版社，2024.9. -- ISBN 978-7-5669-2416-2

Ⅰ . TS941.631

中国国家版本馆 CIP 数据核字第 2024SF6128 号

责任编辑　谢　未
版式设计　赵　燕
封面设计　庞溢虹

服装立体裁剪
Fuzhuang Liti Caijian

主　编：陈凌云　肖红梅
出　版：东华大学出版社
（上海市延安西路 1882 号　邮政编码：200051）
出版社网址：dhupress.dhu.edu.cn
出版社邮箱：dhupress@dhu.edu.cn
营销中心：021-62193056　62373056　62379558
印　刷：北京启航东方印刷有限公司
开　本：889mm×1194mm　1/16
印　张：11.5
字　数：250 千字
版　次：2024 年 9 月第 1 版
印　次：2024 年 9 月第 1 次印刷
书　号：ISBN 978-7-5669-2416-2
定　价：59.00 元

主　　编：陈凌云　肖红梅

参　　编：汪　莉　庞溢虹　李　君

企业参编：魏志国　白　云　陈咏梅　应利娟

排　　版：罗　芳　乔　韵

文字校对：叶仙虹　梁欣欣　许　珊

前 言 PREFACE

立体裁剪是一个专业术语，是服装设计的一种造型手法，也是一门艺术，有"软雕塑"之称，具有艺术与技术的双重特性。服装立体裁剪作为一门课程，与服装设计、服装结构设计与服装工艺等课程有着密切的内在联系，将服装的款式设计与造型工艺相结合，是服装设计语言的表达，是服装结构设计的基础，也是服装工艺的保障。

本教材编写团队成员长期从事服装职业教育和服装设计生产第一线工作，将多年的服装教学经验与服装企业经验相融合，基于工作过程系统化课程体系构建原理，充分调研服装产业的职业工作岗位标准，以职业岗位典型工作任务为内容开发工作过程系统化的学习领域课程，按照行动体系的课程设计原则，遵循职业素养与职业技能并重的原则，重构学科知识结构，既有职业教育先进理念指导，又具有服装专业特色，教材实用性、可操作性强。

本教材设有 4 个学习场，9 个学习情境，共 24 个工作任务，分别为：立体裁剪准备、衣身原型立体裁剪、衣身部件立体裁剪和女裙立体裁剪等内容，且每个学习情境包括若干个工作任务。教材基于工作过程构建服装立体裁剪基础知识和操作技能，以学习性工作任务为驱动，详细介绍了立体裁剪的实操过程，每个操作步骤均配图阐述，图文并茂，简明易懂，方便阅读，适合理论实践一体化教学。部分实操任务结合视频演示和动画演示，步骤详细，操作规范，扫描教材中二维码即可观看视频和动画演示，以便学生随时学习。

本教材的出版，首先要感谢"姜大源名家工作室"专家闫智勇博士、吴全全教授前期给予的工作过程系统化教材研发理论培训指导，其次要感谢东华大学出版社提供指导与支持，感谢深圳市格林兄弟科技有限公司给予数字化技术支持，最后要感谢深圳市宝安职业技术学校服装专业同仁的支持。

本教材由陈凌云、肖红梅担任主编，汪莉、庞溢虹、李君及深圳市格林兄弟科技有限公司参与编写，深圳市古庸文化创意有限公司、深圳市西遇时尚服饰有限分司协助开展企业调研。由于编者水平有限，编写时间仓促，本教材尚有不尽如人意之处，望同行、专家们批评指正！

编者
2024 年 9 月

目 录 CONTENTS

学习场一：立体裁剪准备 ·· 1

学习情境一：初识立体裁剪 ·· 2

工作任务1：准备立体裁剪工具 ·· 3

工作任务2：操作立体裁剪针法 ·· 12

学习情境二：认识人台 ·· 16

工作任务1：补正人台 ·· 17

工作任务2：贴标识带 ·· 22

学习场二：衣身原型立体裁剪 ·· 28

学习情境一：衣身原型立体裁剪 ·· 29

工作任务1：衣身原型前片立体裁剪 ·· 30

工作任务2：衣身原型后片立体裁剪 ·· 35

学习场三：衣身部件立体裁剪 ·· 41

学习情境一：衣身省道变化与应用 ··· 42

工作任务1：肩省立体裁剪 ·· 43

工作任务2：领省立体裁剪 ·· 49

工作任务3：前片"T"型省立体裁剪 ··· 55

工作任务4：前片"Y"型省立体裁剪 ··· 61

工作任务5：前片中心省加量立体裁剪 ··· 67

学习情境二：衣身分割线变化与应用 ·· 73

工作任务1：前片公主缝立体裁剪 ··· 74

工作任务2：前片刀背缝立体裁剪 ··· 80

目录 CONTENTS

学习情境三：衣身褶裥变化与应用······87
工作任务1：前胸碎褶立体裁剪······88
工作任务2：前胸交叉裥立体裁剪······95

学习情境四：领立体裁剪······101
工作任务1：立领立体裁剪······102
工作任务2：翻领立体裁剪······107
工作任务3：立翻领立体裁剪······113
工作任务4：平驳头西装领立体裁剪······120

学习场四：女裙立体裁剪······127
学习情境一：短裙立体裁剪······128
工作任务1：裙原型立体裁剪······129
工作任务2：波浪裙立体裁剪······136

学习情境二：连衣裙立体裁剪······144
工作任务1：抹胸时尚合体连衣裙立体裁剪······145
工作任务2：V领褶裥时尚合体连衣裙立体裁剪······155
工作任务3：连身立领时尚合体连衣裙立体裁剪······164

视频动画二维码资源目录

课程视频 总码　课程动画 总码

序号	资源标题	类型		页码
		视频	动画	
1	制作针插	√		3
2	操作立体裁剪针法	√		12
3	贴标识带		√	22
4	衣身原型前片立体裁剪	√	√	30
5	衣身原型后片立体裁剪	√	√	35
6	肩省立体裁剪	√	√	43
7	领省立体裁剪	√	√	49
8	前片"T"型省立体裁剪	√	√	55
9	前片"Y"型省立体裁剪	√	√	61
10	前片中心省加量立体裁剪	√	√	67
11	前片公主缝立体裁剪	√	√	74
12	前片刀背缝立体裁剪	√	√	80
13	前胸碎褶立体裁剪	√	√	88
14	前胸交叉裥立体裁剪	√	√	95
15	立领立体裁剪	√	√	102
16	翻领立体裁剪	√	√	107
17	立翻领立体裁剪	√	√	113
18	平驳头西装领立体裁剪	√	√	120
19	裙原型立体裁剪	√	√	129
20	波浪裙立体裁剪	√	√	136
21	抹胸时尚合体连衣裙立体裁剪	√		145
22	V领褶裥时尚合体连衣裙立体裁剪	√		155
23	连身立领时尚合体连衣裙立体裁剪	√		164

学习场一：立体裁剪准备

★ 课程思政

旨在通过学习，首先全面激发学生的专业兴趣，培养学生良好的实操习惯与安全意识；其次强化学生的自主学习能力与动手能力，使学生树立勤俭节约的理念。

★ 内容概述

本学习场通过"初识立体裁剪"与"认识人台"两大学习情境，为学生打造了一个立体裁剪学习之旅。

在"初识立体裁剪"情境中，"准备立体裁剪工具"任务让学生熟悉了立体裁剪的各种工具，并对工具的选择和使用有了初步认识；紧接着，"操作立体裁剪针法"的任务将学生引入实际操作领域，通过反复练习与教师的悉心指导，学生逐步掌握了立体裁剪的基本针法，为后续的立体裁剪学习打下了坚实的技能基础。

随后，"认识人台"情境进一步深化了学生的学习体验。在此情境中，学生聚焦于"补正人台"与"贴标识带"两个关键任务。通过补正人台，学生不仅加深了对人台结构与功能的理解，还锻炼了观察力、判断力与动手能力，确保人台形态更加贴近真实人体。而贴标识带的任务则进一步提升了学生的专业素养，为后续的立体裁剪操作提供准确参考。

学习情境一：初识立体裁剪

★ 课程思政

　　旨在通过学习，首先激发学生学习兴趣，培养学生良好的实操行为习惯和安全意识。其次注重学生自主学习能力的培养，鼓励学生动手实践，使学生树立勤俭节约的价值观。最后使学生在掌握立体裁剪技能的同时，也形成了积极向上的学习态度和生活态度。

★ 学习目标

　　（1）理解基本概念：学生需要明确立体裁剪的定义、原理及其在服装设计中的重要性。通过理论讲解与实例展示，帮助学生建立对立体裁剪的初步认识。

　　（2）熟悉工具与材料：介绍立体裁剪所需的基本工具和材料，让学生了解每种工具和材料的用途及正确使用方法。

　　（3）基础操作练习：引导学生进行简单的立体裁剪基础操作练习，培养学生的动手能力。

★ 教学策略

　　（1）理论讲授结合实操演示，确保学生理论与实践并重。

　　（2）分组练习，鼓励学生相互学习，共同解决问题。

　　（3）定期评估，及时了解学生掌握情况，调整教学策略。

工作任务 1：准备立体裁剪工具
工作任务单

★ **学习场**

　　立体裁剪准备

★ **学习情境**

　　初识立体裁剪

★ **学习性工作任务**

　　准备立体裁剪工具

★ **典型工作过程**

　　认识立体裁剪工具—制作针插

★ **任务目标**

素养目标：激发学生学习兴趣；培养学生良好的实操行为习惯；提高学生安全意识。

知识目标：了解基本工具的使用方法和用途。

能力目标：掌握服装立体裁剪基本工具的规范使用要求；完成针插的制作。

★ **任务流程图**

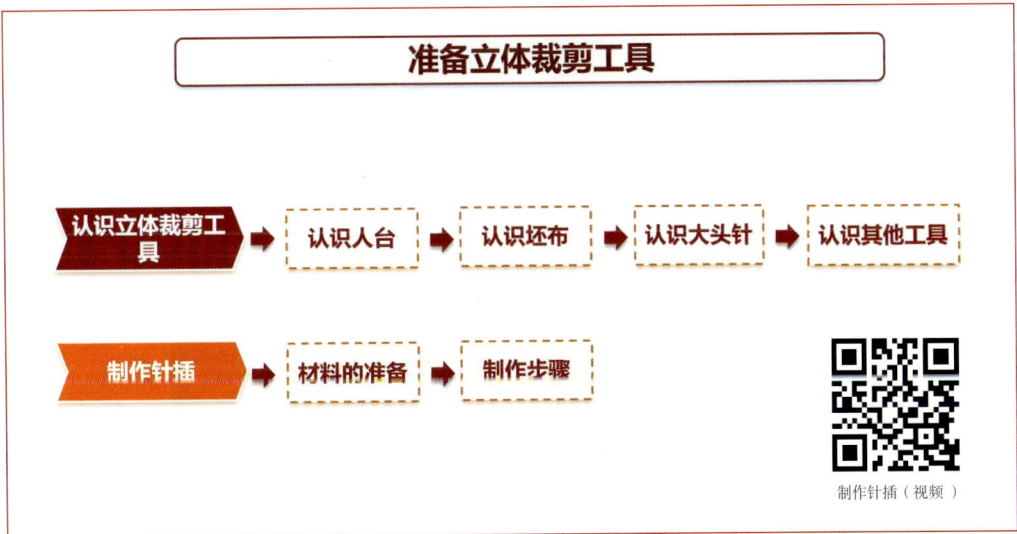

制作针插（视频）

★ **任务描述**

1. 认识立体裁剪工具

1.1 认识人台

人台是立体裁剪中必不可少的重要用具，起到代替人体的作用。

1.1.1 按用途分

立体裁剪用：多为裸体人体模型，是按照人体比例和裸体形态仿造出的人体模型，适用于内衣、礼服等不同款式的服装造型和裁剪。

成品检验用：多为工业人体模型，是在胸（B）、腰（W）、臀（H）及肩颈等部位加了放松尺寸，由固定的规格号型构成的工业生产用的人体模型，适合于外套生产和较宽松的服装造型设计。

服装展示用：多为静态人体模型，可带五官、发型、动势及颜色，一般与展示的服装背景等相协调，适用于橱窗、展厅、商店等静态展示。

1.1.2 按人台形态分

女装上衣专用型人台（图1）。

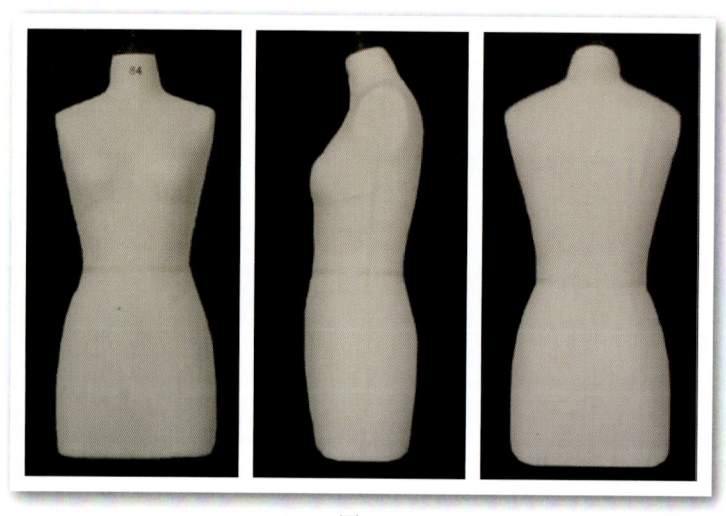

图1

女装上下装兼用型人台（图2）。

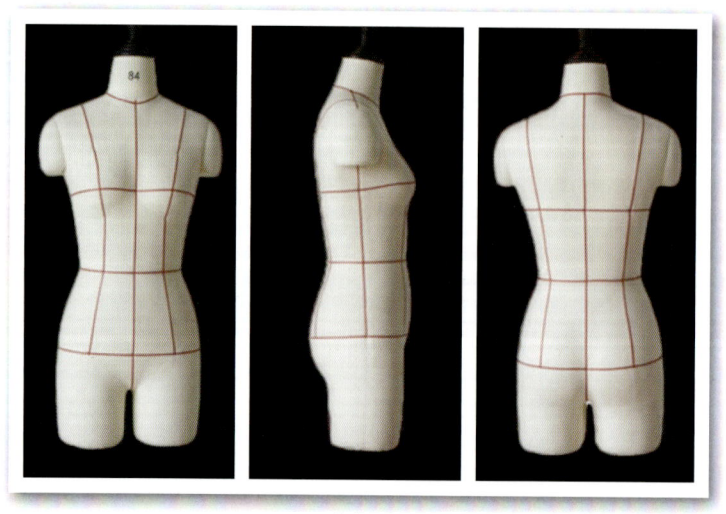

图2

男装上衣专用型人台（图3）。

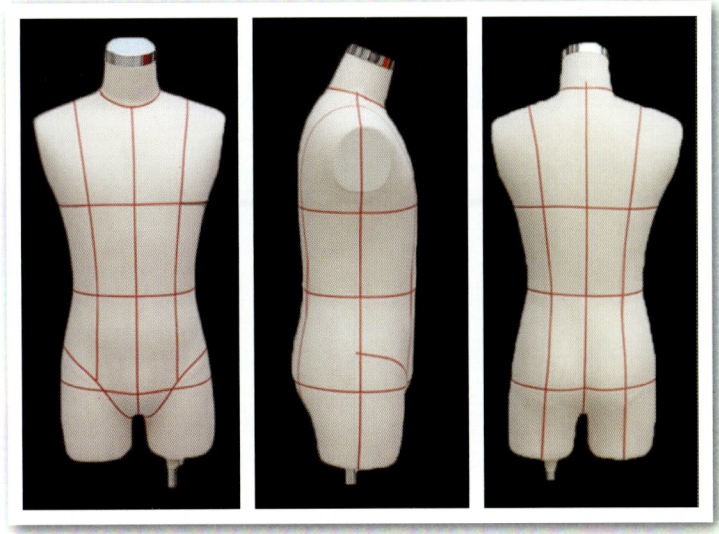

图3

裤装专用型人台（图4）。

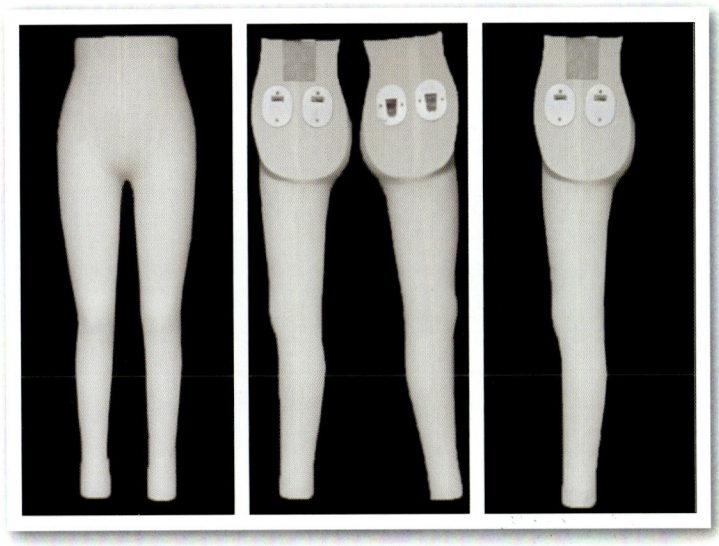

图4

全身专用型人台（图5）。

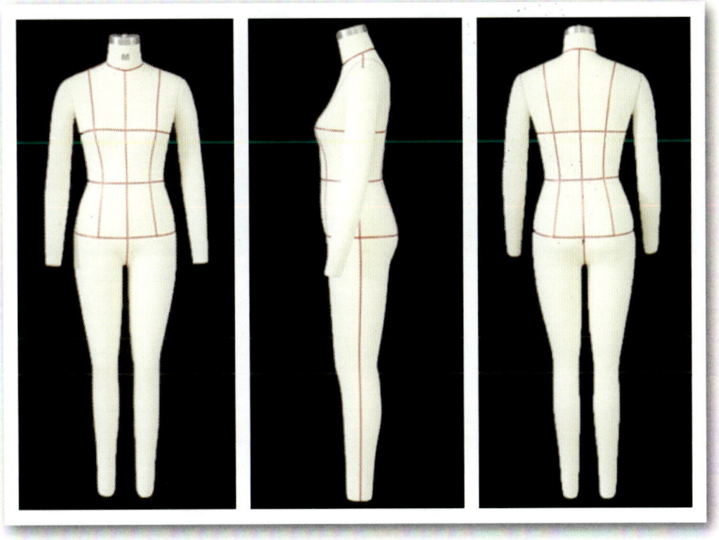

图5

1.1.3 按国家地区分

由于不同国家和地区人民的体型特征的不同,各国会制作符合本国和本地区人种体型的标准人台,现在较常见的有法式人台、美式人台、日式人台等。

1.2 认识坯布

1.2.1 平纹全棉坯布

立体裁剪一般采用坯布进行初步造型操作,选择坯布的原则是,坯布的特性与成衣面料的特性一致或尽量相似。

1.2.2 矫正坯布

◆ **划出印记**

右手拿一根大头针,把针尖插入经纬纱线之间,左手拽住布端,右手向后以微力移动大头针,使布面形成一条顺直的纵向印记,以同方法做一条顺直的横向印记。或抽出经纬纱线:用大头针尖挑起一至两根纱,以微力小心地抽出一至两根经纬纱。

◆ **矫正布纹**(图6)

把有纬斜的坯布用水均匀喷湿,用双手拽住坯布的对角,朝反方向拉伸,再用熨斗进行推拉定型,直至布料丝缕顺直。

◆ **检查整理**(图7)

用直角尺的两条边对合布料的丝缕,直至各自垂正吻合、不歪斜。

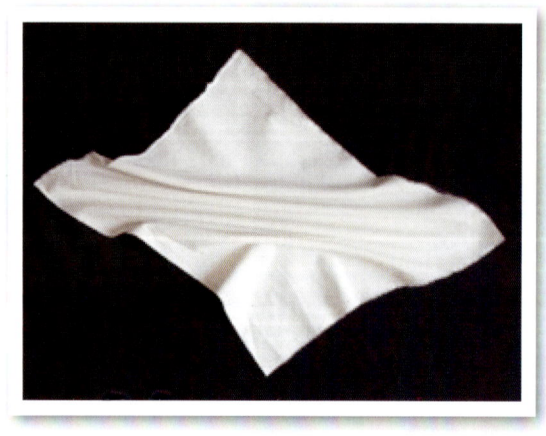
图6

图7

1.3 认识大头针(图8)

立体裁剪专用大头针与常见大头针不同,多用钢制成,针身长,有韧性,并且针尖锋利,很容易刺进人台或别合布片。一般选用针身为0.5mm和0.55mm两种型号。

图 8

1.4 认识其他工具

1.4.1 剪刀（图9）

立体裁剪中使用的剪刀不宜过大，剪刀刀头以尖头且对齐为好。

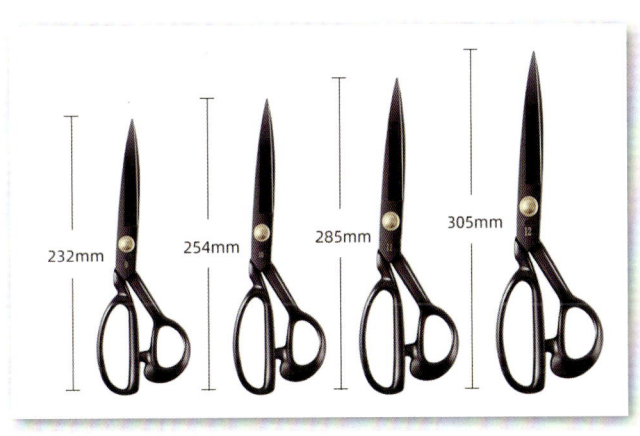

图 9

1.4.2 标识带（图10）

标识带的颜色应与人台颜色有区别，以宽度为3mm以下且具有适当拉伸性的为好。

图 10

1.4.3 尺（图11）

立体裁剪中会用到不同的尺，其中软尺用于测量人体和人台围度等尺寸，直尺、曲线尺、逗号尺等用于各部位尺寸的测量和衣片各线条的描画。

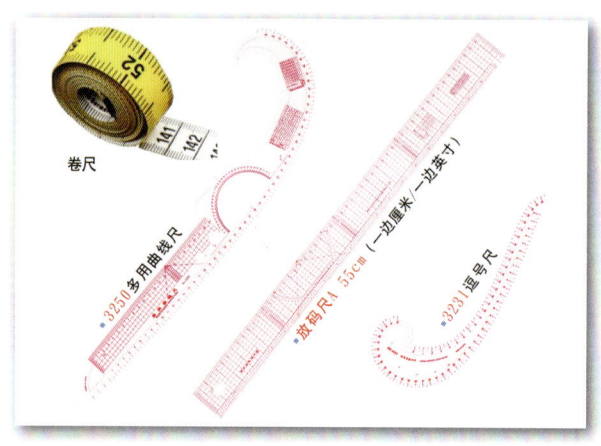

图11

1.4.4 笔（图12）

常用的笔有铅芯较软的铅笔、记号笔等，可标记布片的丝缕方向、轮廓线和造型线，做点影和对合记号等。

图12

1.4.5 手针和线（图13）

一般采用白色和红色的棉线，用于临时假缝和标记。

图13

1.4.6 熨斗（图14）

熨斗在立体裁剪中用来熨烫布片使其平整和丝缕归正，是制作过程中工艺整烫和定型等不可缺少的工具。

图14

1.4.7 滚轮（图15）

滚轮是用于在布样或纸板上做记号、放缝份、布样转换成纸板或复片的工具。

图15

2. 制作针插

2.1 材料的准备（图16）

面料、硬纸板、填充棉、橡皮筋、花边。

图16

2.2 制作步骤

（1）沿小圆布的边缘密缝，抽缩（图17）。

（2）做针插底板，将硬纸板包于小圆布中，抽紧边缘缝线，缝线穿插勾拉固定（图18）。

（3）将花边正面相对，沿边缘在花边反面缝合，然后将其中一条花边翻向正面，再将橡皮筋穿于其中，固定两头，另一条花边备用（图19）。

（4）橡皮筋两端包住花边，缝于针插底板上（图20）。

（5）将备用的另一条花边翻向正面，并将花边均匀缝合于针插边缘（图21）。

（6）沿大圆片边缘密缝抽缩，塞入填充棉，整理成半球状（图22）。

（7）沿针插底板边缘，以暗针针法缝合针插球身与底板，针插制作完成（图23）。

图17

图18

图19

图20

图21

图22

图23

★ 任务要求

（1）准备好相关的立体裁剪工具。

（2）完成针插的制作。

★ 参考资料

约瑟夫-阿姆斯特朗．服装立体裁剪［M］．刘驰，钟敏维，译．上海：东华大学出版社，2016.

邓鹏举，张志宇，徐曼曼．服装立体裁剪［M］.3版．北京：化学工业出版社，2017.

三吉满智子．服装造型学理论篇［M］．郑嵘，张浩，韩洁羽，译．北京：中国纺织出版社，2006.

★ 材料工具清单

（1）认识立体裁剪工具：珠针、针插、打版尺、曲线尺、软尺、记号笔、标识带、人台、熨斗、滚轮等。

（2）制作针插：面料、硬底板、填充棉、橡皮筋、花边。

★ 质量检测要求

针插质量要求

（1）整体造型美观、实用，大小适宜。

（2）针包饱满、圆润，能轻松插针。

（3）花边装饰相得益彰。

（4）手环橡皮筋松紧合适。

工作任务 2：操作立体裁剪针法
工作任务单

★ **学习场**

立体裁剪准备

★ **学习情境**

初识立体裁剪

★ **学习性工作任务**

操作立体裁剪针法

★ **典型工作过程**

固定针法—别合针法

★ **任务目标**

素养目标： 提升学生自主学习能力；培养学生的动手能力；引导学生树立勤俭节约的意识。

知识目标： 了解服装立体裁剪基础针法的知识。

能力目标： 掌握服装立体裁剪基础针法的操作技能。

★ **任务流程图**

操作立体裁剪针法（视频）

★ **任务描述**

1. **固定针法**

1.1 单针（图1）

图1

1.2 交叉针（图2）

图2

2. 别合针法

2.1 重叠法（图3）

将两块布平摊搭合后，重叠处用大头针依次沿垂直、倾斜或平行方向别合。此针法适合于面的固定或上层衣片完成线的确定。

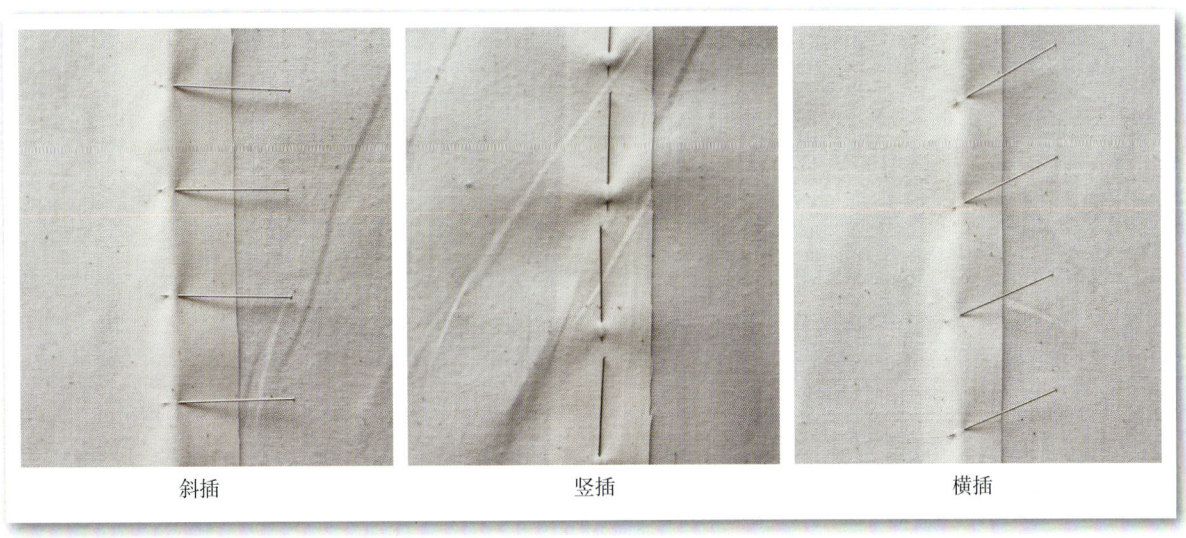

图3

2.2 折合法（图4）

先将一块布边缝份折叠，覆盖在另一块布的完成线上，用大头针依次固定。这个方法便于清晰地确定完成线、做标记等，常用于别合侧缝、袖缝、肩缝等部位。

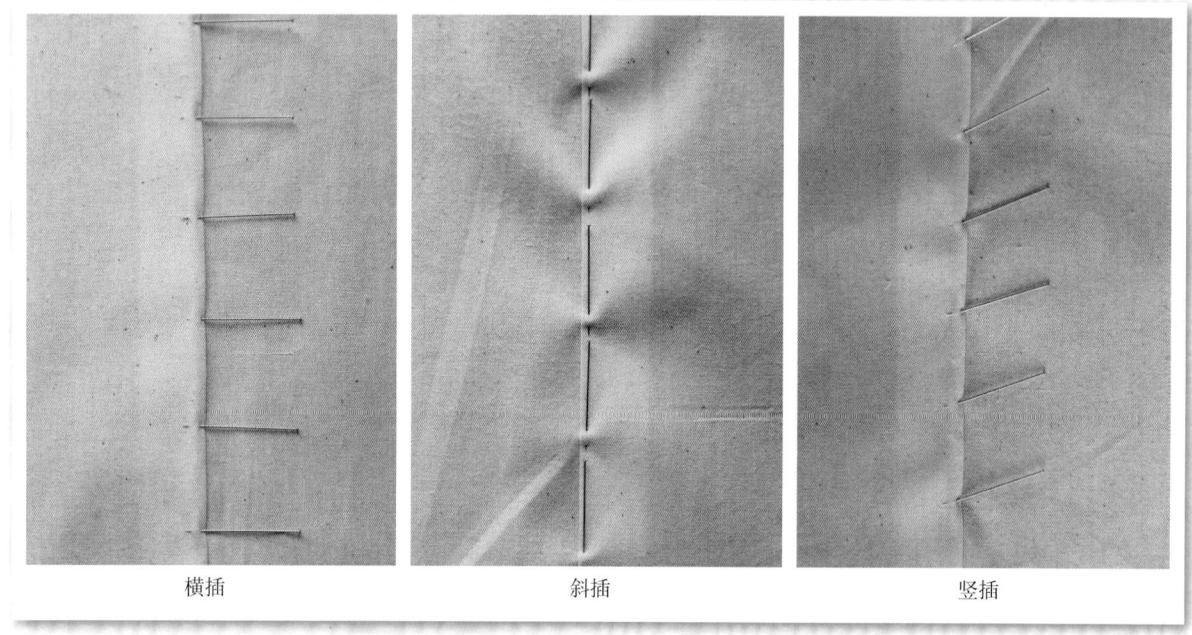

横插　　　　　　　　　斜插　　　　　　　　　竖插

图4

2.3 抓合法（图5）

抓合两布片的缝份或衣片上的余量，沿缝合线别合，针距要均匀平整，一般用于侧缝、省道等部位。

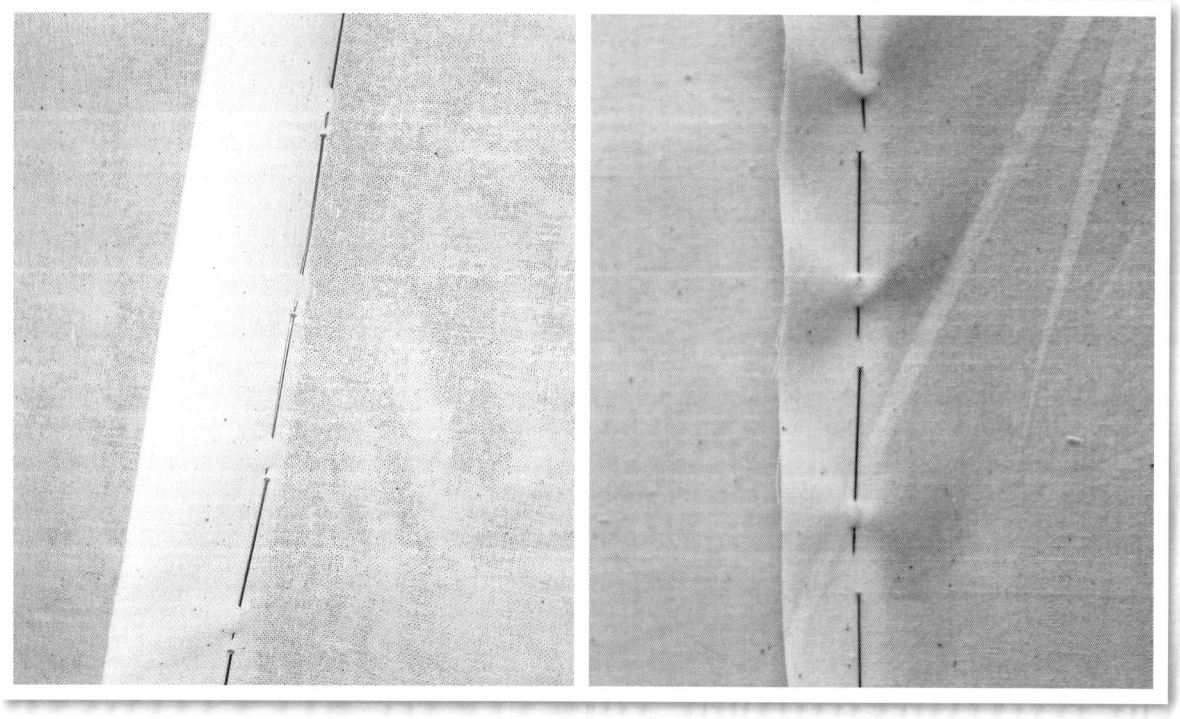

图5

2.4 藏针法（图6）

从上层布的折痕处插入，挑起下层布，针尖回到上层布的折痕内。其外观效果接近于直接缝合，精确美观，常用于装袖等部位。

图6

★ 任务要求

（1）掌握基础针法的操作要求。

（2）学会基础针法在立体裁剪中的应用。

★ 参考资料

约瑟夫-阿姆斯特朗．服装立体裁剪［M］．刘驰，钟敏维，译．上海：东华大学出版社，2016．

邓鹏举，张志宇，徐曼曼．服装立体裁剪［M］.3版．北京：化学工业出版社，2017．

三吉满智子．服装造型学理论篇［M］．郑嵘，张浩，韩洁羽，译．北京：中国纺织出版社，2006．

★ 材料工具清单

珠针、针插、打版尺、记号笔、坯布。

★ 质量检测要求

（1）大头针针尖排列有序，间距均匀，针尖方向一致，针脚小。

（2）缝份倒向合理，缝头平整。

（3）毛边处理光净整齐，无毛露。

学习情境二：认识人台

★ 课程思政

　　旨在通过学习，首先激发学生对服装专业的深厚热爱，通过系统学习与实践操作，全面提高学生的专业素养。其次强化自主学习与动手能力，培养学生严谨细致、精益求精的工作态度。

★ 学习目标

　　（1）**深入了解人台**：详细讲解人台的结构及其在立体裁剪中的作用，使学生明白人台是模拟人体形态，进行服装立体裁剪的重要工具。

　　（2）**掌握人台使用技巧**：教授如何根据设计需求选择合适的人台，以及在人台上进行准确测量、补正、贴标识带的方法和技巧，为后续的立体裁剪操作打下坚实基础。

　　（3）**理解人体工学**：引导学生了解人体工学原理在服装立体裁剪中的应用，帮助学生理解如何通过立体裁剪更好地适应人体形态，提升服装的舒适度和美观度。

★ 教学策略

　　（1）实物展示与讲解相结合，让学生直观感受人台的特点。

　　（2）案例分析，通过具体的设计案例展示人台在立体裁剪中的应用效果。

　　（3）互动讨论，鼓励学生就人台使用中的问题和心得进行交流分享。

工作任务1：补正人台

工作任务单

★ **学习场**

立体裁剪准备

★ **学习情境**

认识人台

★ **学习性工作任务**

补正人台

★ **典型工作过程**

认识补正的人台—补正人台—制作布手臂

★ **任务目标**

素养目标：培养学生对专业的热爱；提高学生的专业素养；培养学生一丝不苟的工匠精神。

知识目标：理解补正人台的作用。

能力目标：掌握补正人台的要求；根据人体特征完成人台的补正。

★ **任务流程图**

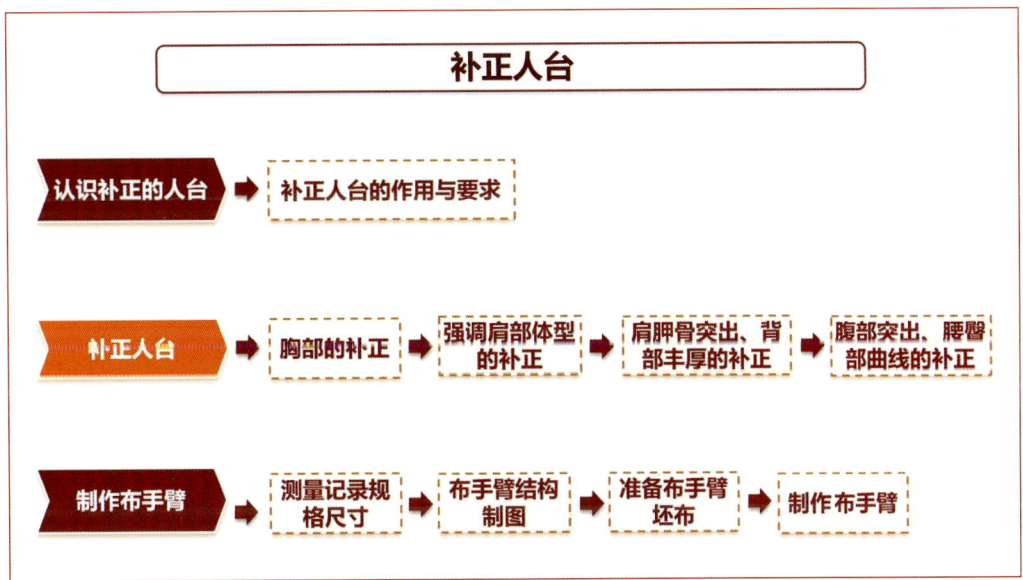

★ **任务描述**

1. **认识补正的人台**

补正人台的作用与要求：

所谓人台补正，是针对我们所服务的对象——人的差异性所必需的一项服装设计专业能力。

人台补正是在某一号型的人台上，用垫肩、肩棉等材料进行补正，以达到特殊体型的目的，或是在塑造服装某部位的造型时，会对其局部进行补正。

就单独的人台补正来讲，练习的重点有：对人体的观察；比较人体与人台的差别；练习手动修增补正的能力。

2. 补正人台

2.1 胸部的补正（图1）

在特别强调胸部特征时，可以给人台穿上胸罩，或是利用腈纶棉或针刺棉做成胸垫，用大头针别在胸部。注意：胸垫的边缘要逐渐变薄，以塑造自然胸型。

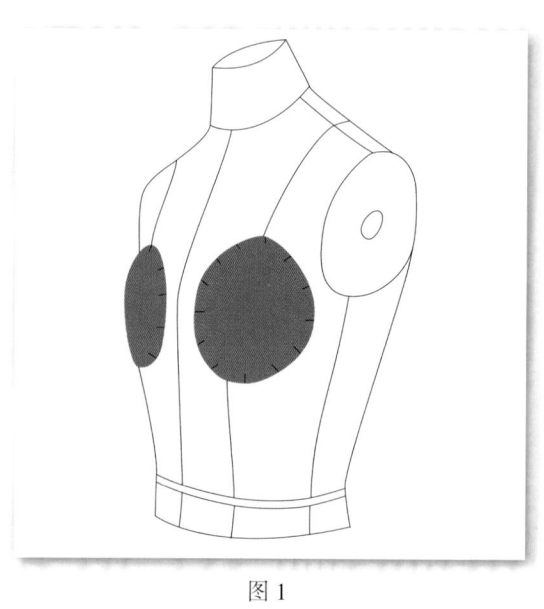

图1

2.2 强调肩部体型的补正（图2）

对于平肩体型，或强调肩部的服装，可利用肩垫将肩斜减少。

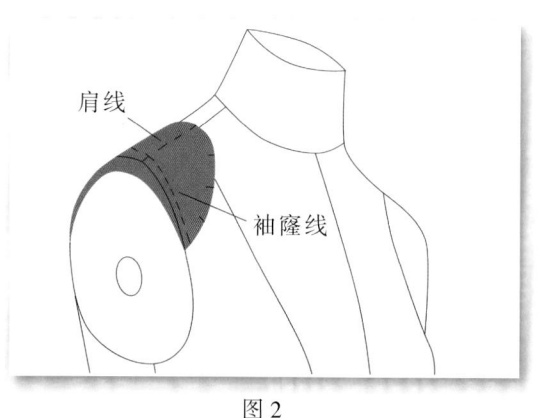

图2

2.3 肩胛骨突出、背部丰厚的补正（图3）

为了使背部肩胛骨具有起伏的美感，以配合流行的需要，可使用腈纶棉或针刺棉模仿肩胛骨倒三角形的形状，贴在肩胛骨部位做补正。棉花固定好以后，检查是否和人体模型吻合，再穿上针织紧身衣。

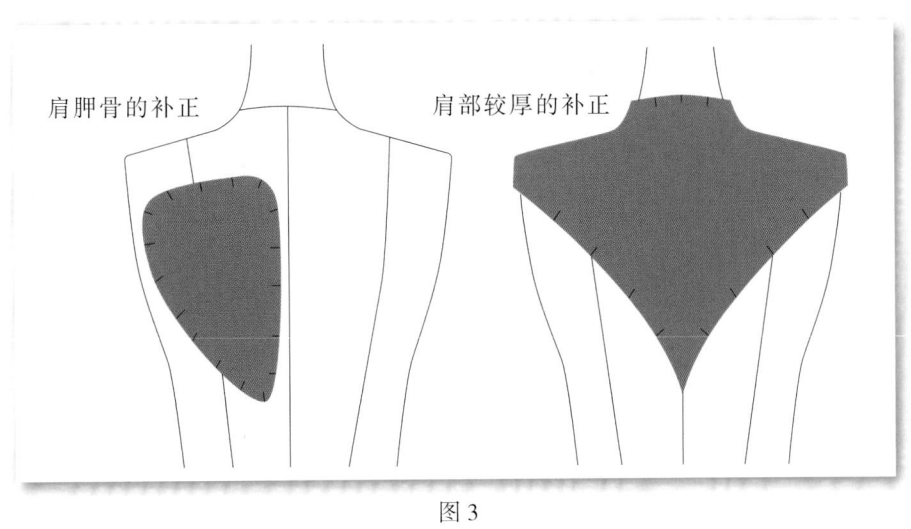

图3

2.4 腹部突出、腰臀部曲线的补正（图4）

体型会随年龄而改变，尤其是生育过孩子的妇女，常因脂肪堆积，腹部会有不同程度的隆起，其腰臀间的曲线也不够圆顺，此时可利用腈纶棉或针刺棉填充。

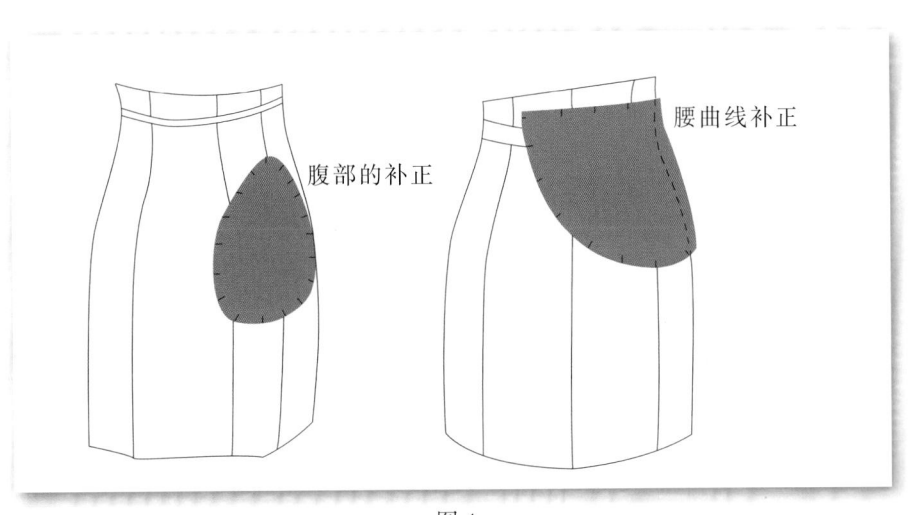

图4

3. 制作布手臂

3.1 测量记录规格尺寸（号型：165/84A）

臂根尺寸：42% 胸围　　手臂的腕围：20% 胸围

臂围：33% 胸围　　手臂长：0.3 身高 +10cm

3.2 布手臂结构制图（图5、图6）

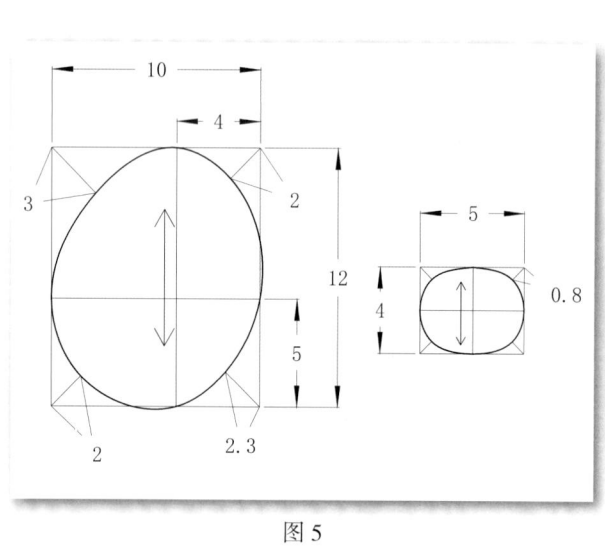

图5

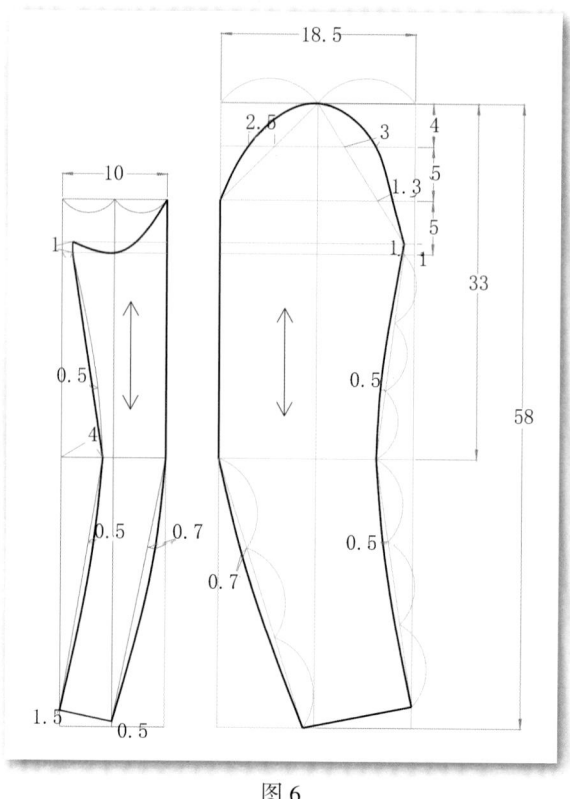

图6

3.3 准备布手臂坯布（图7）

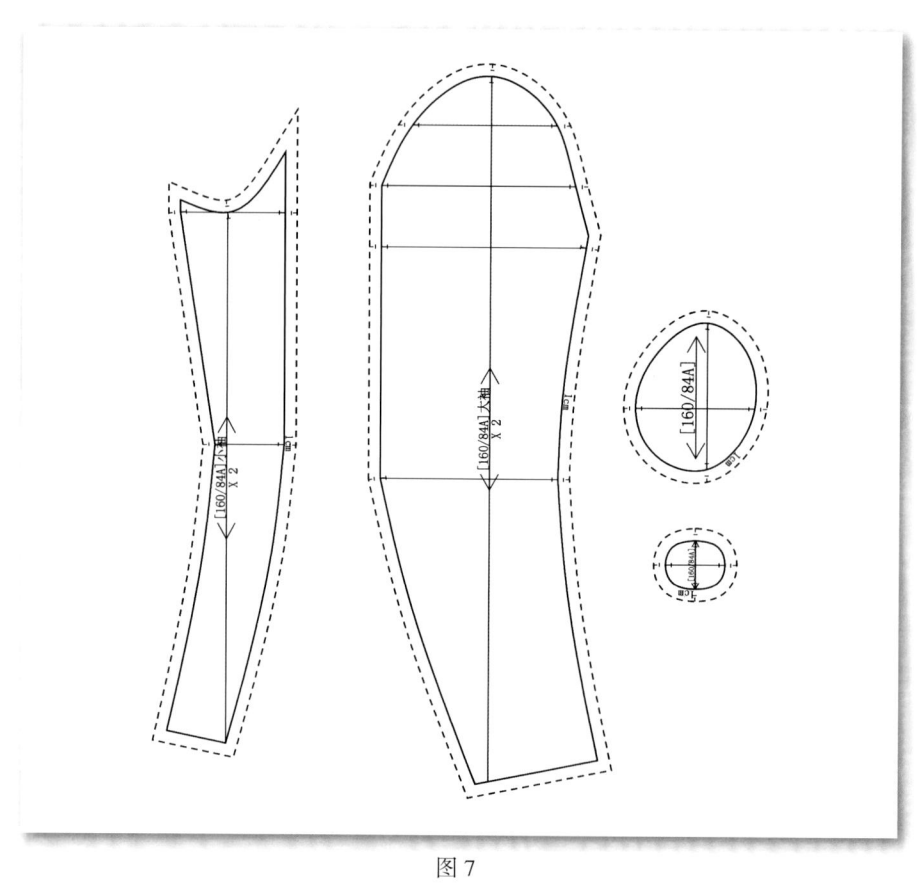

图7

3.4 制作布手臂

（1）将大袖片内侧缝适当拔开，外侧缝适当归缩，使其与小袖片侧缝的对位等长。

（2）对位缝合大小袖片，袖筒翻正。

（3）手工缝制、抽缩臂根挡片和手腕挡片，并将硬板包于其中。

（4）裁剪填充棉，注意根据手臂的粗细变化铺垫填充棉。

（5）包裹内层包布，固定包布的底缝，检查手臂的软硬度是否适中。

（6）固定内层包布底缝，将手臂适当完成造型。

（7）将外层手臂包布缝合，注意袖筒丝缕顺直。

（8）将成型手臂穿于袖筒中，保持袖筒丝缕顺直。

（9）手臂挡片与外层包布袖口对位固定，用手针紧密缝合。

（10）臂根挡片与袖山底弧线对位固定，用手针紧密缝合。

（11）用大头针将手臂对位固定于人台上，整理内、外层袖山多余量。

★ 任务要求

（1）会补正人台。

（2）会制作布手臂。

★ 参考资料

约瑟夫-阿姆斯特朗. 服装立体裁剪[M]. 刘驰，钟敏维，译. 上海：东华大学出版社，2016.

邓鹏举，张志宇，徐曼曼. 服装立体裁剪[M]. 3版. 北京：化学工业出版社，2017.

三吉满智子. 服装造型学理论篇[M]. 郑嵘，张浩，韩洁羽，译. 北京：中国纺织出版社，2006.

★ 材料工具清单

珠针、针插、打版尺、记号笔、坯布、垫肩、肩棉、卷尺。

★ 质量检测要求

（1）塑造服装某部位极具造型感时，会对其局部进行补正，使人台接近人体形态。

（2）补正人台和补正对象要与体型和号型完全一致。

工作任务 2：贴标识带
工作任务单

★ **学习场**

　　立体裁剪准备

★ **学习情境**

　　认识人台

★ **学习性工作任务**

　　贴标识带

★ **典型工作过程**

　　贴标识带作用—贴标识带步骤

★ **任务目标**

素养目标： 培养学生细致入微的观察力；锻炼学生的协作能力与团队精神；提高学生的审美水平。

知识目标： 了解人体模型贴标识带的作用及步骤方法。

能力目标： 能够进行面料矫正；能够设定人体模型标识带。

★ **任务流程图**

★ **任务描述**

1. **贴标识带作用**

贴人台标识带是立裁操作的必要准备。人台标识带用于在人台上标识人体体型的特征位置，为服装与人体的准确对位裁剪和规范化的立裁以及纸样获取提供基础保证。

2. 贴标识带步骤

2.1 贴前中心线（图1）

自颈中心点固定标识带的一端，另一端系一重锤，下垂至地面且不偏斜，标识线固定在人体模型前中心线表面。

2.2 贴后中心线（图2）

从后颈点起垂直至人体模型底部止，平分人体模型的后身。

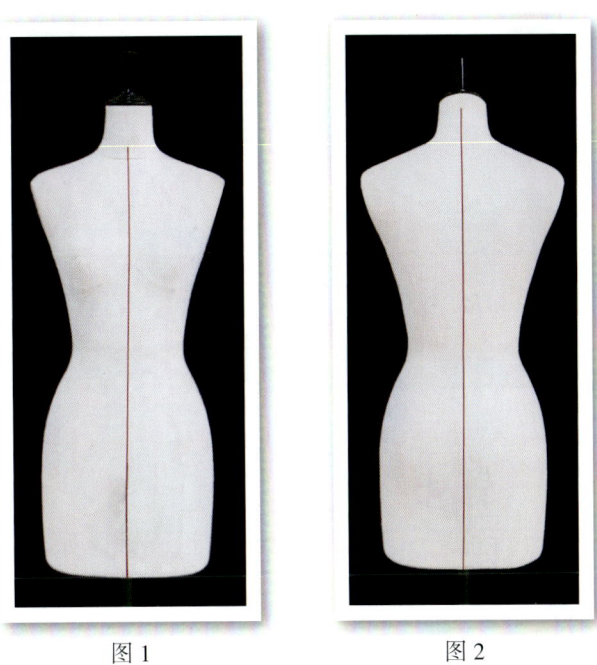

图1　　　　　　图2

2.3 贴领围线（图3）

为环绕人体模型颈根处的基准线，约38cm长，经前后中心点、左右颈肩点标识成圆顺曲线。

图3

2.4 贴胸围线（图4）

人体三围线之一，确认胸点（BP 点）的高度，一般年轻女体的胸高位置是 24～25cm。以 BP 点高度为基准，绕人体模型水平一周，与地面平行。

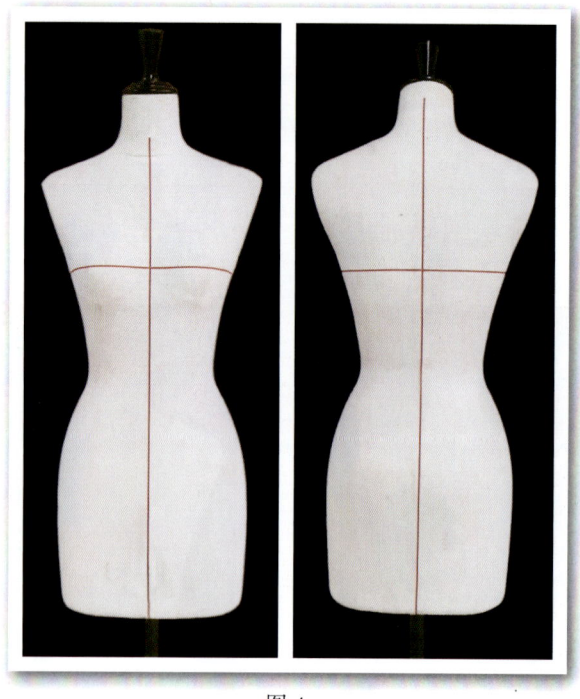

图 4

2.5 贴腰围线（图5）

人体三围线之一，量取背长，一般年轻女体的背长为 38cm，确定腰围线的高度位置，绕人体模型水平一周，与胸围线、地面平行。

图 5

2.6 贴臀围线（图6）

人体三围线之一，一般年轻女体的腰围线向下18～20cm的位置是臀围线。确定臀围线的高度位置，绕人体模型水平一周，与胸围线、腰围线、地面平行。

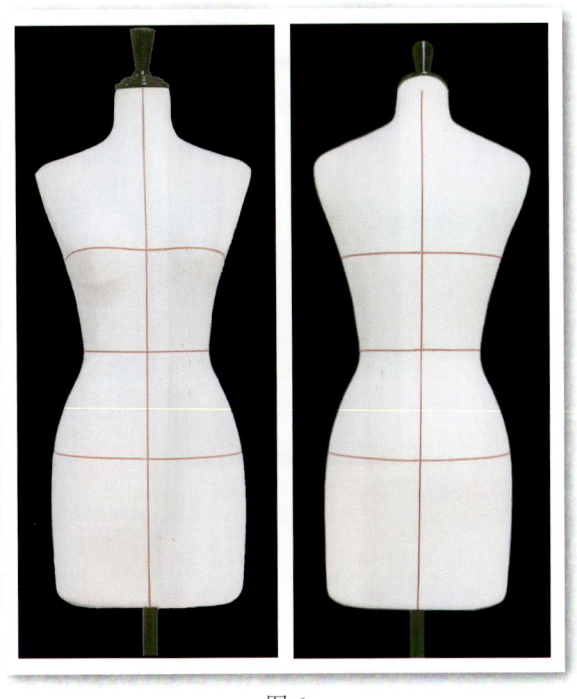

图6

2.7 贴肩线（图7）

连接颈肩点至肩端点的线条，用大头针记录位置点，贴肩线。

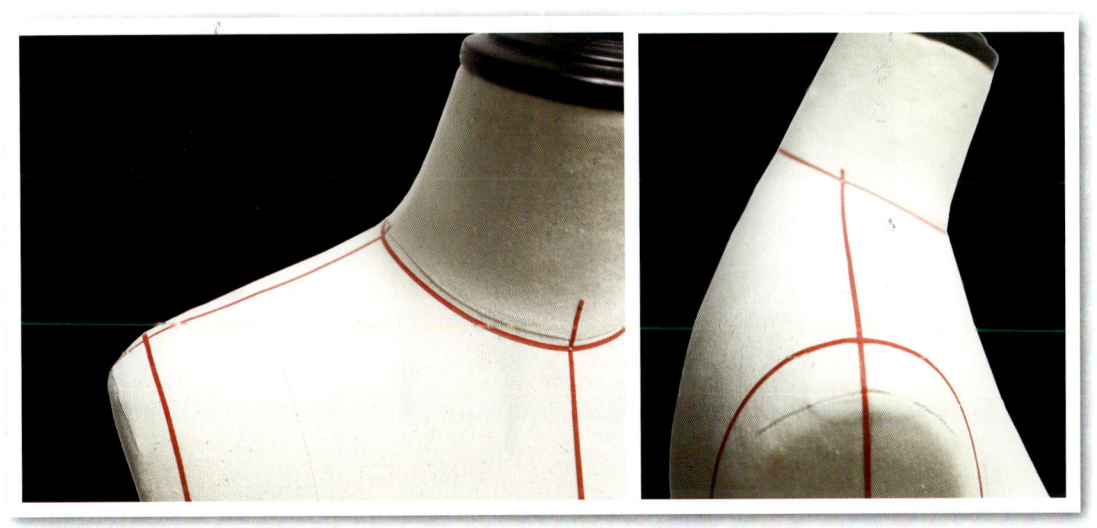

图7

2.8 贴侧缝线（图8）

从肩端点开始经过臂盘中心向下作垂线，作为侧缝线的位置，沿侧缝的上下，用大头针记录位置点，保持视觉的竖直状态，贴侧缝线。

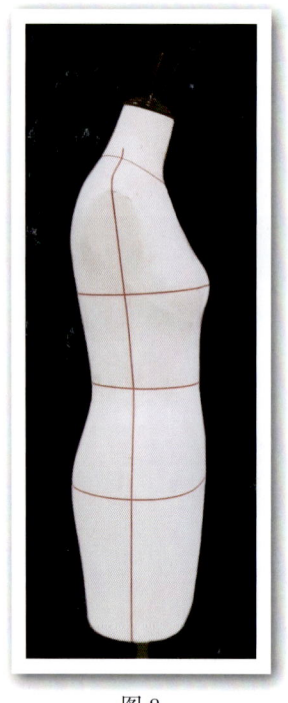

图 8

2.9 贴袖窿弧线（图 9）

过肩端点，袖窿弧线与肩线呈直角，后腋窝曲率略小于前腋窝，前后袖窿弧线要圆顺。

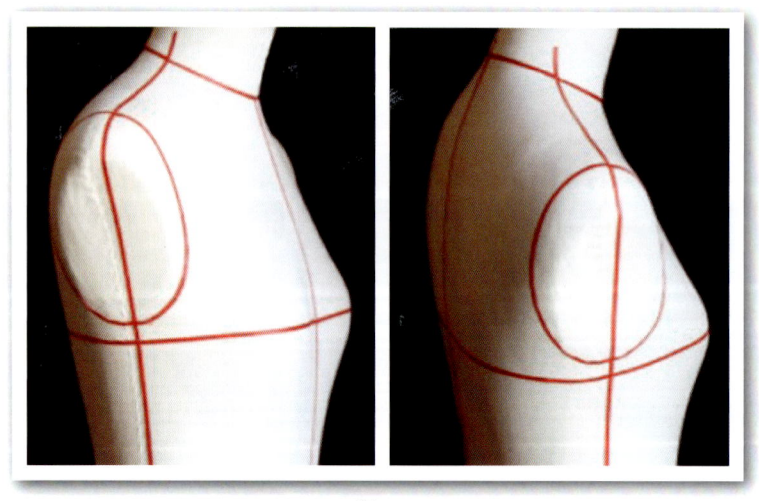

图 9

2.10 贴前公主线（图 10）

自肩线的中心开始，自然通过 BP 点位置，稍向里至腰围线，稍向外至臀围线，自然竖直至底边，美观圆顺地贴前公主线。

2.11 贴后公主线（图 11）

自肩线的中点开始，自然通过肩胛骨位置，稍向里至腰围线，稍向外至臀围线，自然竖直至底边，美观圆顺地贴后公主线。

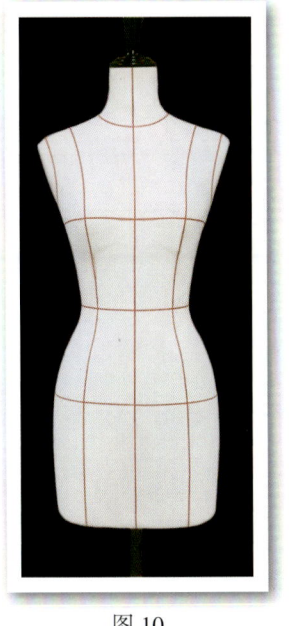
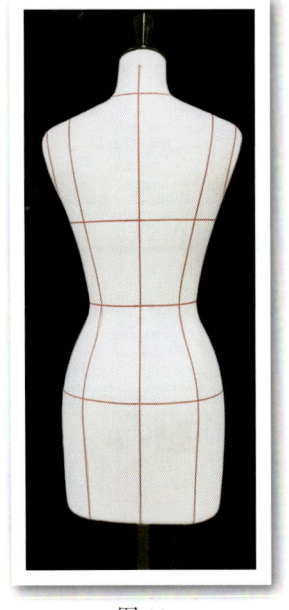

图 10　　　　　　图 11

★ 任务要求

（1）了解贴标识带的重要作用。

（2）会贴人台标识带。

★ 参考资料

约瑟夫－阿姆斯特朗．服装立体裁剪[M]．刘驰，钟敏维，译．上海：东华大学出版社，2016．

邓鹏举，张志宇，徐曼曼．服装立体裁剪[M]．3版．北京：化学工业出版社，2017．

三吉满智子．服装造型学理论篇[M]．郑嵘，张浩，韩洁羽，译．北京：中国纺织出版社，2006．

★ 材料工具清单

珠针、针插、打版尺、曲线尺、软尺、记号笔、标识带、人台。

★ 质量检测要求

（1）将肩线和侧缝线连接成一条完整的线。这条线始于颈肩点，经臂盘的轴心，在腰线处结束。

（2）从腰线与侧缝线的交点至躯干底部的侧缝线，应该是一条垂直于地面的铅垂线。

（3）检查腰部的标记带，使其成为一条水平围线，确保其通过腰部最细的位置。

（4）人台上标记带的交汇处要用大头针固定，同时要保证其准确性。

学习场二：衣身原型立体裁剪

★ 课程思政

　　旨在通过学习，首先培养学生树立质量第一、安全至上的职业观念。其次培养学生严谨认真的劳动态度，提升学生实践操作能力和精益求精的工匠精神。最后要注重激发学生的审美感知力与创新力，让学生在掌握技术的同时，也能感受到服装设计的艺术魅力。

★ 内容概述

　　在衣身原型立体裁剪的学习场中，学生将深入探索并实践两大核心工作任务："衣身原型前片立体裁剪"与"衣身原型后片立体裁剪"。通过两个工作任务的详细分解与实操练习，学生在视频与动画的辅助下，能够更加直观地理解立体裁剪原理、掌握操作技巧。这种理论与实践相结合的教学模式不仅有效地提升了学生的操作技能与实操动手能力，还培养了他们的问题解决能力与创新能力。

学习情境一：衣身原型立体裁剪

★ 课程思政

旨在通过学习，首先潜移默化地帮助学生树立起牢固的质量意识和安全意识。其次通过实践操作，培养学生严谨认真、一丝不苟的劳动态度，及精益求精的工匠精神。最后有效地让学生将理论知识转化为实践能力，激发学生的审美感知力与创新力。

★ 学习目标

（1）**理解基本原理**：理解衣身原型立体裁剪的基础理论、操作步骤及前后片立体裁剪技巧。

（2）**掌握基础技能**：通过实践，熟练完成衣身原型前后片立体裁剪。

（3）**培养综合能力**：强化观察、分析、解决问题的能力，激发创新思维与审美，鼓励个性化设计。

（4）**促进团队协作**：增强团队合作意识，促进学生间的有效交流与协作。

★ 教学策略

（1）在理论教学中，通过讲解、演示和案例分析等方式，使学生理解衣身原型立体裁剪的基本原理和方法。

（2）利用视频和动画等多媒体教学手段，直观展示衣身原型立体裁剪的过程和技巧。

（3）建立完善的评价与反馈机制，对学生的立体裁剪作品进行客观、公正的评价。

工作任务 1：衣身原型前片立体裁剪

工作任务单

★ **学习场**

衣身原型立体裁剪

★ **学习情境**

衣身原型立体裁剪

★ **学习性工作任务**

衣身原型前片立体裁剪

★ **典型工作过程**

立体裁剪准备—款式图分析—立体裁剪操作

★ **任务目标**

素养目标： 帮助学生树立质量意识和安全意识；提升学生实践操作能力。

知识目标： 理解衣身原型前片立体裁剪操作流程。

能力目标： 掌握衣身原型前片立体裁剪操作手法与技巧；完成衣身原型前片立体裁剪。

★ **任务流程图**

衣身原型前片立体裁剪（动画）　衣身原型立体裁剪（视频）

★ **任务描述**

1. 立体裁剪准备

1.1 准备工具

珠针、针插、打版尺、曲线尺、软尺、记号笔、标识带等。

1.2 选择人台

根据规格尺寸中的胸围、腰围及臀围尺寸选择适合的人台（165/84A）。

2. 款式图分析（图1）

合体上衣；圆领；前片左右腰省和袖窿省各1个；后片左右腰省和肩省各1个；无袖。

图1

3. 立体裁剪操作

3.1 准备坯布

（1）根据款式确定坯布量（宽 × 长 ＝ 32cm×50cm）（图2）。

（2）裁剪坯布，整理布纹（图3）。

（3）标记各裁片的布纹方向（图4）。

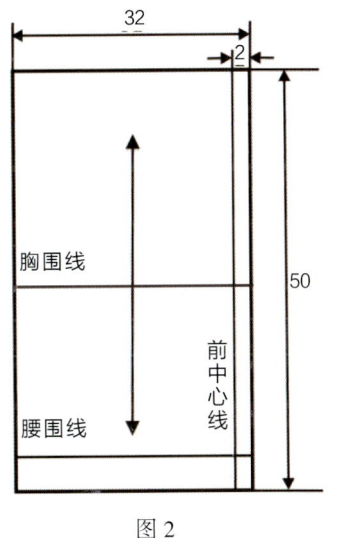

图2

图3

图4

3.2 贴标识带（图5）

根据款式图在人台上贴标识带。

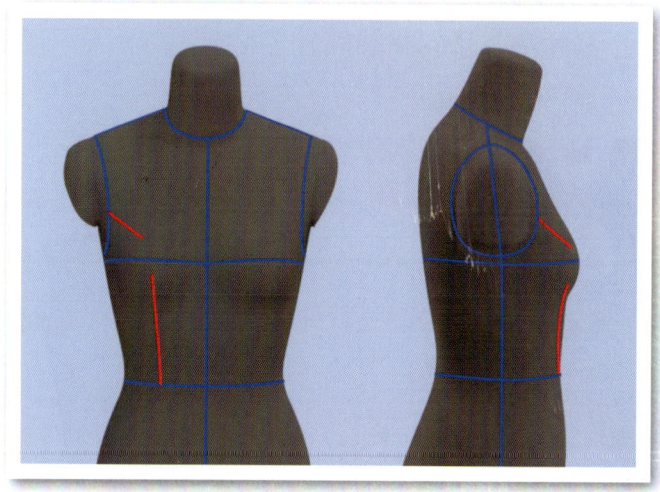

图 5

3.3 固定坯布（图6）

将坯布的前中心线、胸围线和腰围线与人台的前中心线、胸围线和腰围线重叠，在前中心线上，用交叉固定针法固定前中心线与胸围线的交点，用单针分别固定领口和腰节。

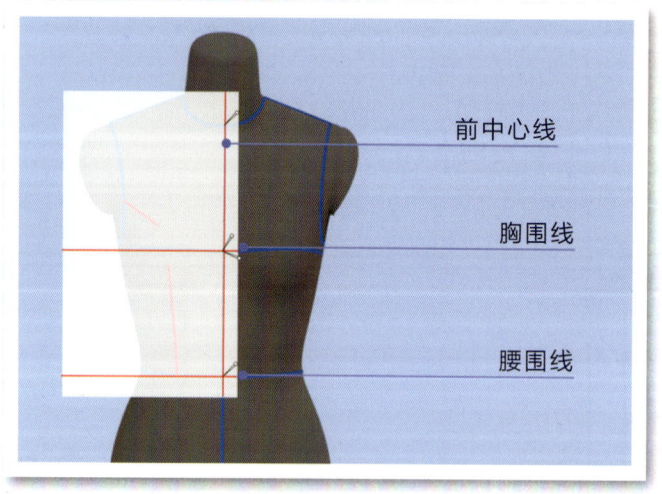

图 6

3.4 做前腰省（图7）

保持胸围线水平，腰节线以下的坯布斜向打剪口，并将胸腰差量推移到腰部，用折合针法将腰部松量捏合固定，做出腰省，并在侧缝线上、下两处分别用单针固定。

3.5 前领口、肩部造型（图8）

沿前领圈标识线打剪口，将领部、肩部多余量推送至袖窿处，根据标识线预留缝份修剪，完成领口、肩部的造型。

3.6 做袖窿省（图9）

根据袖窿标识线修剪前袖窿多余布量，用折合针法将袖窿处多余量指向BP点捏合固定，做出袖窿省。

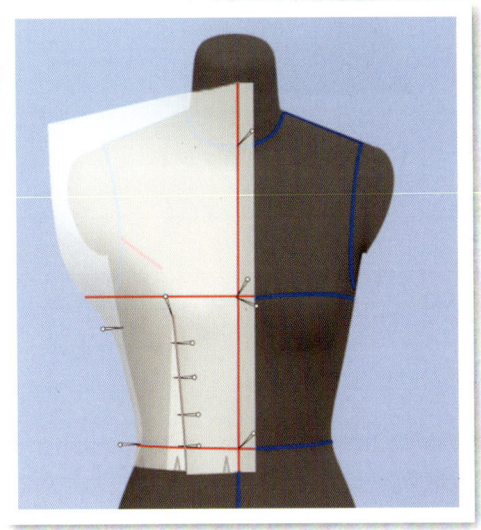
图7

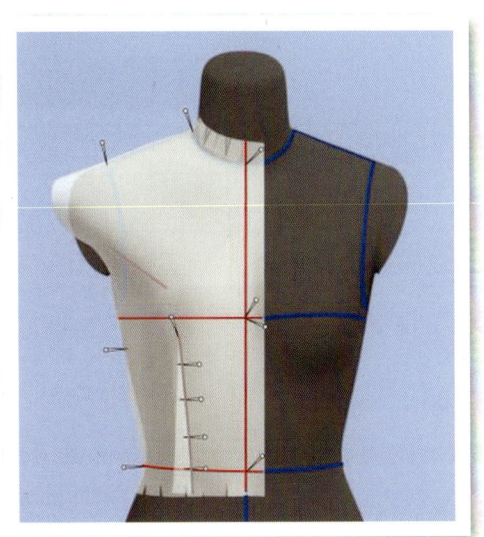
图8

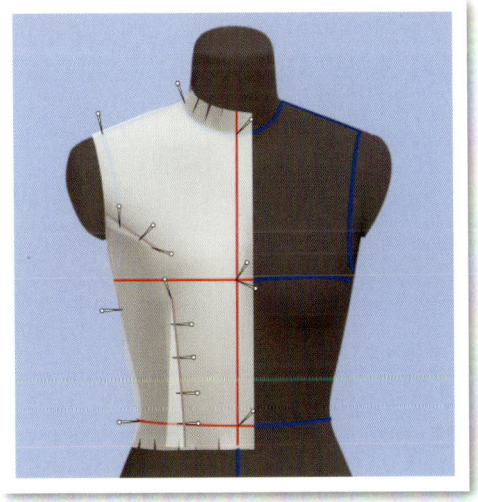
图9

3.7 标记造型线（图10）

检查各部位的平服度和松紧度，确认造型符合要求后，用记号笔以虚线的形式，把前领口、前肩线、前袖窿弧线、前侧缝线、前腰省、袖窿省等描画出来，预留缝份，将多余的坯布修剪干净。

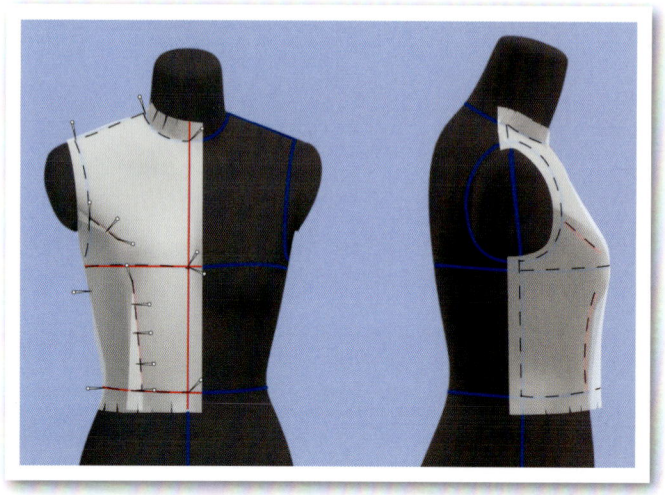

图 10

★ 任务要求

（1）准备好立体裁剪工具。

（2）根据款式图分析款式特点。

（3）运用立体裁剪操作手法，根据款式图完成立体裁剪任务。

★ 参考资料

约瑟夫-阿姆斯特朗．服装立体裁剪［M］．刘驰，钟敏维，译．上海：东华大学出版社，2016．

邓鹏举，张志宇，徐曼曼．服装立体裁剪［M］．3版．北京：化学工业出版社，2017．

三吉满智子．服装造型学理论篇［M］．郑嵘，张浩，韩洁羽，译．北京：中国纺织出版社，2006．

★ 材料工具清单

款式图、人台、坯布、熨斗、标识带、珠针、针插、打版尺、曲线尺、软尺、记号笔。

★ 质量检测要求

（1）工艺要求：大头针针尖排列有序，间距均匀，针尖方向一致，针脚小；缝份倒向合理，缝子平整；毛边处理光净整齐，无毛露；布料纱向正确，符合结构和款式风格造型要求；标记点交代清楚。

（2）外观造型要求：衣身平衡，干净、整洁、无毛露；胸围松量分配适度，胸和肩胛骨立体适度；腰部合体；袖窿平服，空隙量适度；领口平服，止口不外翻，无浮起或紧拉；无不良皱褶。

工作任务 2：衣身原型后片立体裁剪

工作任务单

★ **学习场**

衣身原型立体裁剪

★ **学习情境**

衣身原型立体裁剪

★ **学习性工作任务**

衣身原型后片立体裁剪

★ **典型工作过程**

立体裁剪准备—款式图分析—立体裁剪操作—取样拓样

★ **任务目标**

素养目标：培养学生严谨认真、一丝不苟的劳动态度；提高学生审美水平。

知识目标：理解衣身原型后片立体裁剪操作流程。

能力目标：掌握衣身原型后片立体裁剪操作手法与技巧；完成衣身原型后片立体裁剪。

★ **任务流程图**

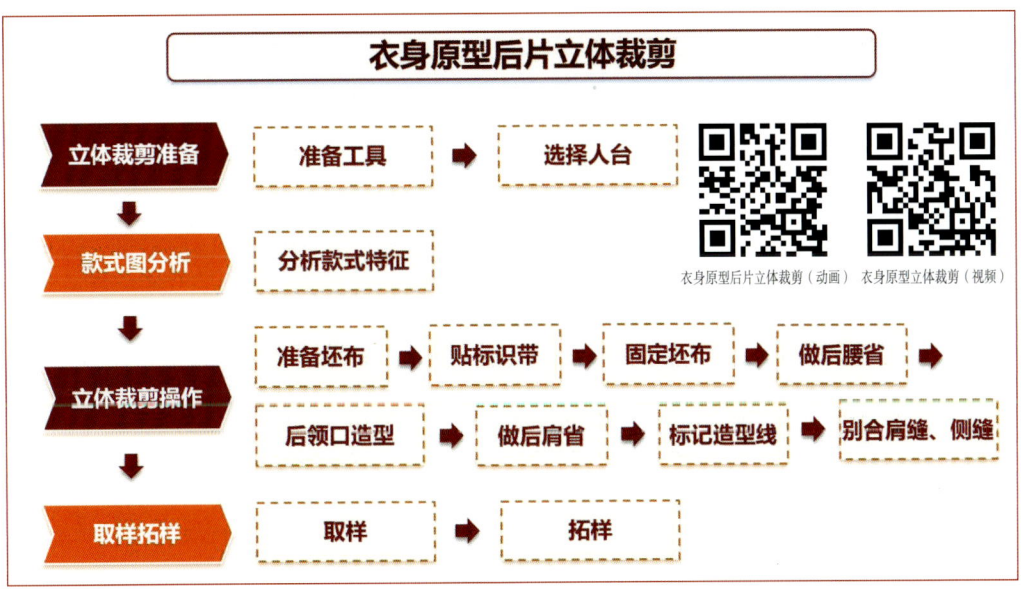

★ **任务描述**

1. 立体裁剪准备

1.1 准备工具

珠针、针插、打版尺、曲线尺、软尺、记号笔、标识带等。

1.2 选择人台

根据规格尺寸中的胸围、腰围及臀围尺寸选择适合的人台（165/84A）。

2. 款式图分析（图1）

合体上衣；圆领；前片左右腰省和袖窿省各1个；后片左右腰省和肩省各1个；无袖。

图1

3. 立体裁剪操作

3.1 准备坯布

（1）根据款式确定坯布量（宽×长＝32cm×50cm）（图2）。

（2）裁剪坯布，整理布纹（图3）。

（3）标记各裁片的布纹方向（图4）。

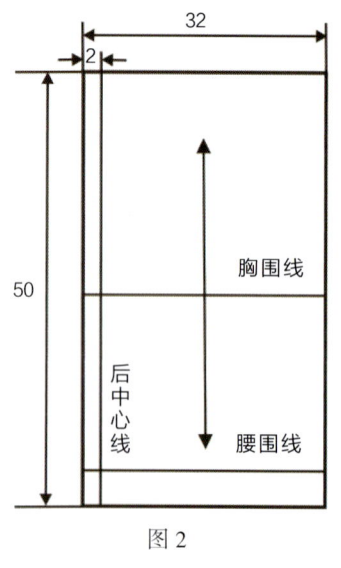

图2

图3

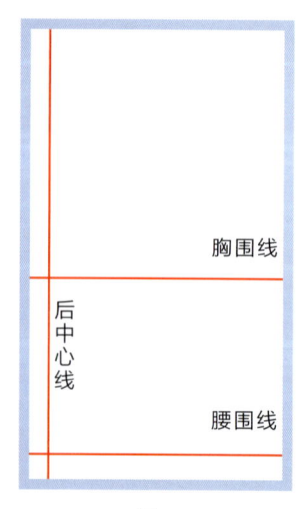

图4

3.2 贴标识带（图5）

根据款式图在人台上贴标识带。

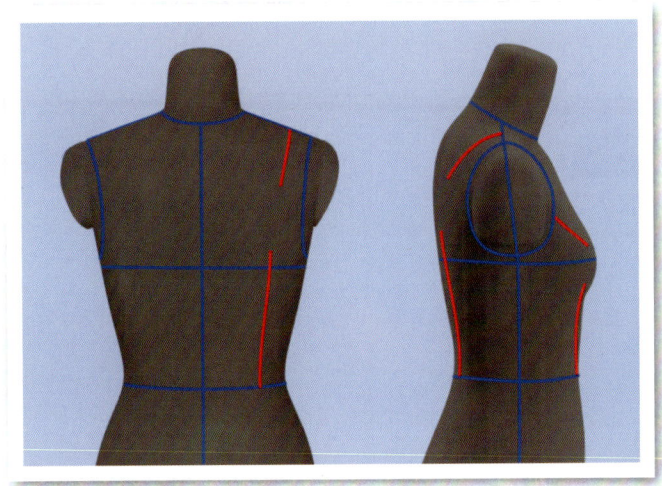

图5

3.3 固定坯布（图6）

将坯布的后中心线、胸围线和腰围线与人台的后中心线、胸围线和腰围线重叠。在后中心线上，用交叉针法固定后中心线与胸围线的交点，用单针分别固定领口和腰节。

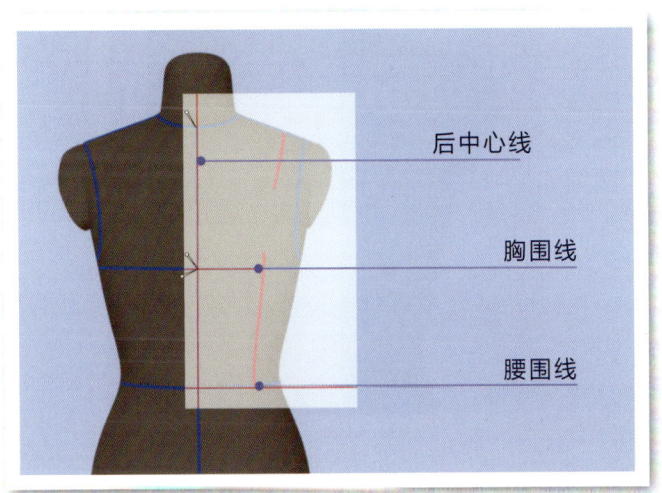

图6

3.4 做后腰省（图7）

保持胸围线水平，腰节线以下的坯布斜向打剪口，将胸腰差量推移到腰部，用折合针法将腰部松量捏合固定，做出腰省，并在侧缝线上、下两处分别用单针固定。

3.5 后领口造型（图8）

沿后领圈标识线打剪口，将后领口多余量推送至肩部，预留缝份修剪，完成后领口的造型。

3.6 做后肩省（图9）

将后袖窿的余量推送到肩部，用单针固定肩部坯布，根据袖窿标识线修剪后袖窿多余布量，再用折合针法将肩部多余量指向肩胛骨捏合固定，做出肩省。

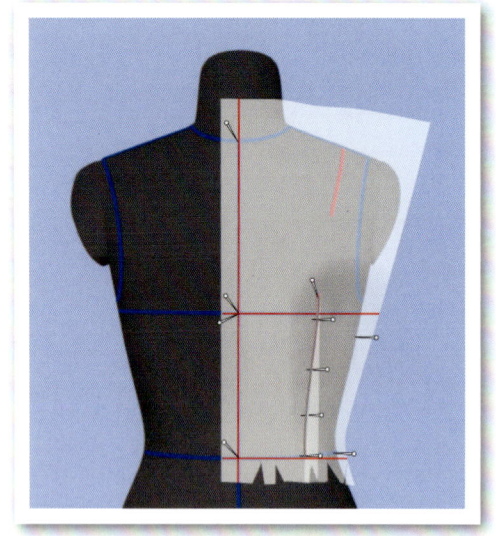
图7

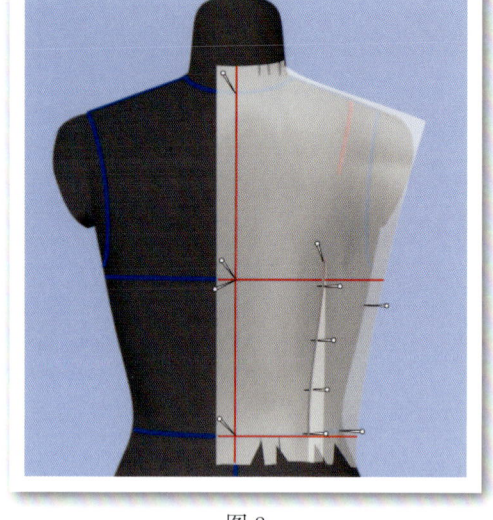
图8

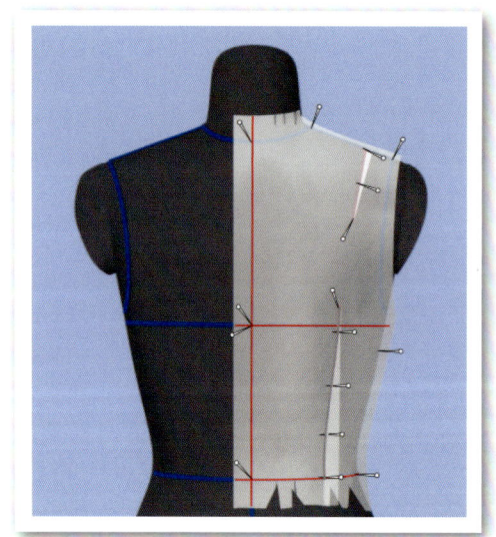
图9

3.7 标记造型线（图10）

检查各部位的平服度和松紧度，确认造型符合要求后，用记号笔以虚线的形式，把后领口、后肩线、后袖窿弧线、后侧缝线、后腰省、肩省等描画出来。

3.8 别合肩缝、侧缝（图11）

根据人台标识线预留出领口、袖窿、侧缝等部位的缝份，将多余的坯布修剪干净；用折合针法别合肩缝、侧缝。

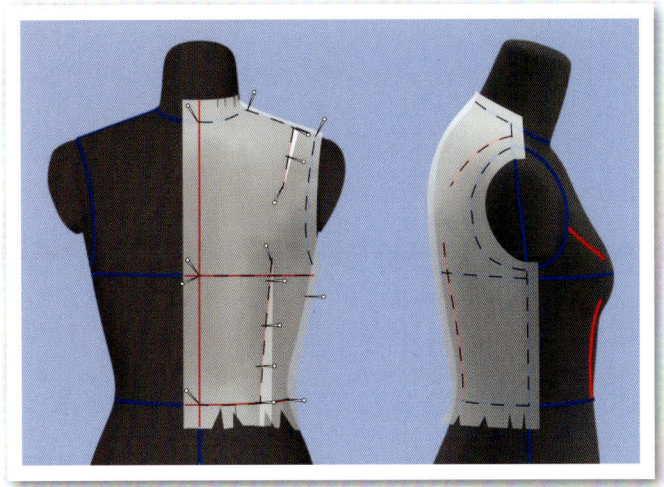

图 10

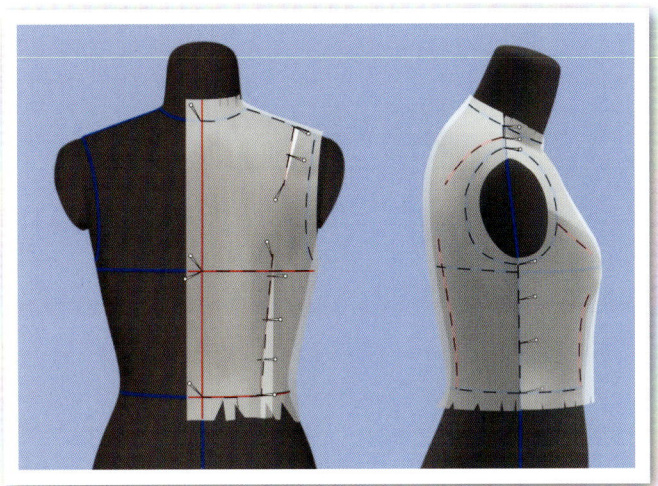

图 11

4. 取样拓样

4.1 取样（图 12）

取下前后衣片，先用直尺画好前后肩线、侧缝线、腰省、肩省、袖窿省；用曲线板画顺领口弧线；再把前后侧缝拼合，用曲线板画顺袖窿弧线。

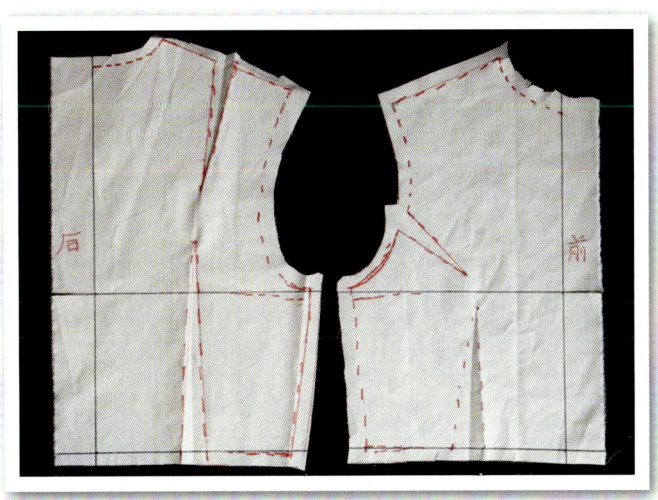

图 12

4.2 拓样（图13）

将经过修正的衣片原型通过假缝套在人台上进行试穿，检查衣片原型是否准确无误。如果有误，说明前面操作不当，必须进行修改。如果没有问题，可将衣片原型取下来，拓出纸样。

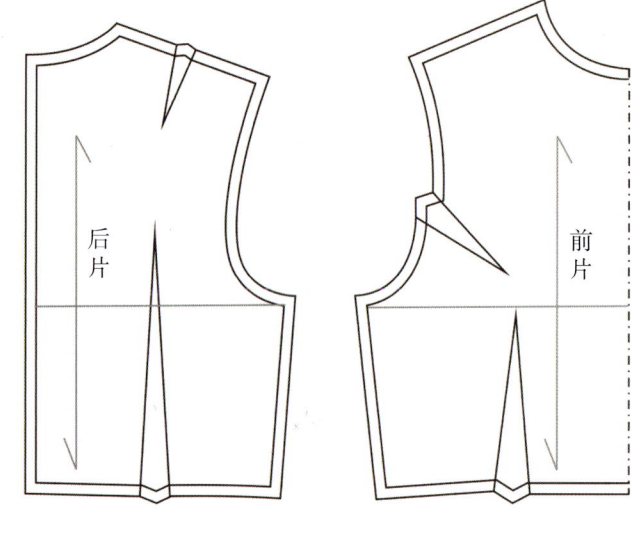

图13

★ **任务要求**

（1）准备好立体裁剪工具。

（2）根据款式图分析款式特点。

（3）运用立体裁剪操作手法，根据款式图完成立体裁剪任务。

★ **参考资料**

约瑟夫－阿姆斯特朗．服装立体裁剪[M]．刘驰，钟敏维，译．上海：东华大学出版社，2016．

邓鹏举，张志宇，徐曼曼．服装立体裁剪[M]．3版．北京：化学工业出版社，2017．

三吉满智子．服装造型学理论篇[M]．郑嵘，张浩，韩洁羽，译．北京：中国纺织出版社，2006．

★ **材料工具清单**

款式图、人台、坯布、熨斗、标识带、珠针、针插、打版尺、曲线尺、软尺、记号笔。

★ **质量检测要求**

（1）**工艺要求**：大头针针尖排列有序，间距均匀，针尖方向一致，针脚小；缝份倒向合理，缝子平整；毛边处理光净整齐，无毛露；布料纱向正确，符合结构和款式风格造型要求；标记点交代清楚。

（2）**外观造型要求**：衣身平衡，干净、整洁、无毛露；胸围松量分配适度，胸和肩胛骨立体适度；腰部合体；袖窿平服，空隙量适度；领口平服，止口不外翻，无浮起或紧拉；无不良皱褶。

学习场三：衣身部件立体裁剪

★ 课程思政

旨在通过学习，首先培养学生自主学习能力，鼓励他们积极探索新方法、新技巧，形成持续学习的态度。其次通过实践操作，培养学生养成良好的安全规范操作习惯、严谨的工作作风和精益求精的工匠精神。最后引导学生增强团队协作精神，将实用与美观并重，注重细节完美，提升审美水平。

★ 内容概述

在"衣身部件立体裁剪"这个学习场中，精心设计了四个学习情境，全面覆盖了衣身部件立体裁剪变化的核心技能，每个情境下的典型性工作任务均遵循由浅入深、循序渐进的原则，旨在帮助学生扎实掌握立体裁剪的精髓。

（1）学习情境一衣身省道变化与应用：包括肩省、领省、前片"T"型省、前片"Y"型省和前片中心省加量立体裁剪 5 个典型工作任务。通过不同的省道位置与形态设计，教学生利用省道来平衡衣身结构，塑造立体效果，同时让学生理解省道在服装造型中的重要作用及其变化对整体风格的影响。

（2）学习情境二衣身分割线变化与应用：包括公主缝和刀背缝立体裁剪 2 个典型工作任务。这 2 个任务聚焦于衣身分割线的巧妙运用，通过不同的分割线设计，增加服装的流动感和设计感。学生将学习通过分割线的位置、形状及其与省道的结合，实现服装结构的创新与优化。

（3）学习情境三衣身褶裥变化与应用：包括前胸碎褶和前胸交叉裥立体裁剪 2 个典型工作任务。褶裥作为服装设计中重要的元素之一，能够赋予衣物丰富的层次感和动态美。这些任务通过具体的立体裁剪实践，让学生掌握褶裥的制作技巧，理解褶裥在不同部位的应用效果，以及运用褶裥来强调或弱化身体线条，提升服装的穿着效果。

（4）学习情境四领立体裁剪：涵盖立领、翻领、立翻领和平驳头西装领立体裁剪 4 个典型工作任务。通过详细的立体裁剪步骤，使学生掌握各种领型的制作技巧，以及通过调整领子的形状、大小来适应不同的设计需求和穿着效果。

学习情境一：衣身省道变化与应用

★ 课程思政

旨在通过学习，首先着重培养学生学会独立学习、独立思考及勇于尝试新方法、新技巧的积极探索精神。其次鼓励学生自主研究，激发创新思维，让学生在实践中发现问题、解决问题。再次强调团队合作，共同探索省道应用的无限可能，培养学生的协作能力与集体荣誉感。最终让学生形成积极向上、勇于创新的学习态度，为未来的职业生涯奠定坚实基础。

★ 学习目标

（1）**知识与技能掌握**：掌握省道在衣身结构中的作用及其变化原理。能够根据人体形态和设计需求，合理选择并应用不同的省道类型。

（2）**能力培养**：强化空间想象与立体造型力，提升观察力与分析力，精准判断省道对服装的影响；增强实践操作能力，独立完成省道设计与立体裁剪。

（3）**职业素养与态度**：培育工匠精神，注重细节完美；提升审美，追求实用与美观并重；勇于尝试新元素，培养探索精神；强化团队合作精神，协同完成任务。

★ 教学策略

（1）**理论与实践融合**：讲解示范省道原理，随后实践，加深理解。

（2）**分层教学**：根据学生基础，任务从简至繁，逐步进阶。

（3）**案例分析**：引入实例，小组讨论，分享经验，促进学习。

（4）**强化技能训练与评估**：专项训练巩固技能，考核反馈促提升。

（5）**细节与完美并重**：强调细节精准，培养工匠精神，追求极致效果。

（6）**现代教学技术应用**：利用多媒体与在线资源，增强教学互动与趣味性，拓宽学生视野。

工作任务1：肩省立体裁剪

工作任务单

★ **学习场**

衣身部件立体裁剪

★ **学习情境**

衣身省道变化与应用

★ **学习性工作任务**

肩省立体裁剪

★ **典型工作过程**

立体裁剪准备—款式图分析—立体裁剪操作—取样拓样

★ **任务目标**

素养目标： 培养学生独立自主的学习能力和积极探索新方法、新技巧的学习态度。

知识目标： 理解肩省立体裁剪操作流程。

能力目标： 掌握肩省立体裁剪操作手法与技巧；完成肩省立体裁剪。

★ **任务流程图**

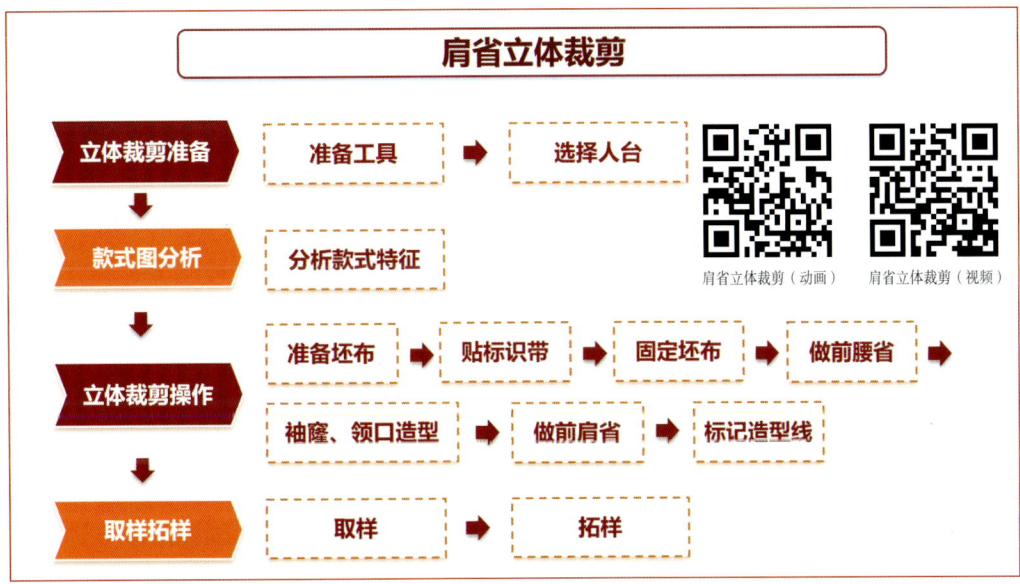

★ **任务描述**

1. **立体裁剪准备**

   1.1 准备工具

   珠针、针插、打版尺、曲线尺、软尺、记号笔、标识带等。

1.2 选择人台

根据规格尺寸中的胸围、腰围及臀围尺寸选择适合的人台（165/84A）。

2. 款式图分析（图1）

合体上衣；圆领；前片左右腰省和肩省各1个；无袖。

图1

3. 立体裁剪操作

3.1 准备坯布

（1）根据款式确定坯布量（宽×长＝32cm×50cm）（图2）。

（2）裁剪坯布，整理布纹（图3）。

（3）标记各裁片的布纹方向（图4）。

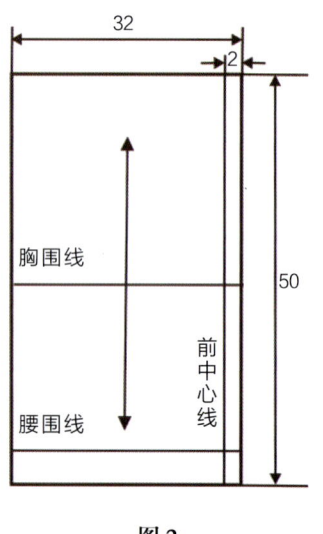

图2

图3

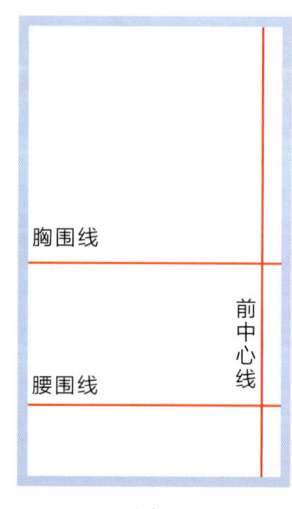

图4

3.2 贴标识带（图 5）

根据款式图在人台上贴标识带。

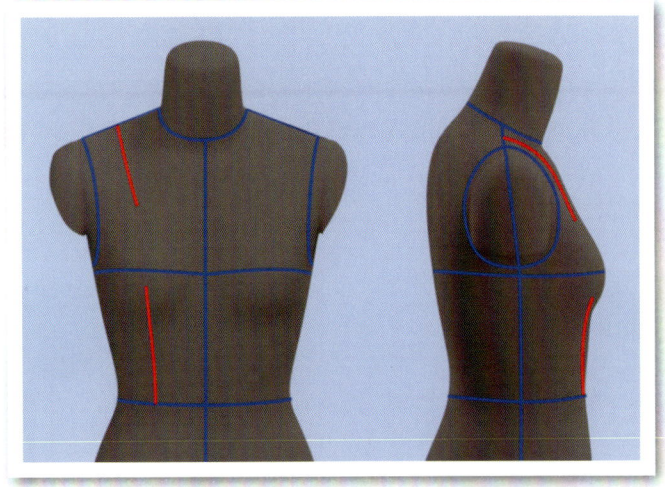

图 5

3.3 固定坯布（图 6）

将坯布的前中心线、胸围线和腰围线与人台的前中心线、胸围线和腰围线重叠，在前中心线上，用交叉固定针法固定前中心线与胸围线的交点，用单针分别固定领口和腰节。

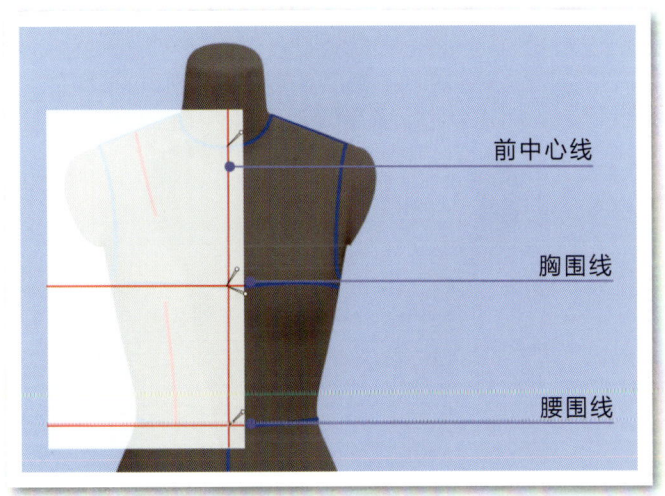

图 6

3.4 做前腰省（图 7）

保持胸围线水平，腰节线以下的坯布斜向打剪口，并将胸腰差量推移到腰部，用折合针法将腰部松量捏合固定，做出腰省，并在侧缝线上、下两处分别用单针固定。

3.5 前袖窿、领口造型（图8）

沿前领圈标识线打剪口，将袖窿、领部多余量推送至肩部处，根据标识线修剪，完成袖窿、领口的造型。

3.6 做前肩省（图9）

根据肩部标识线修剪肩部多余布量，用折合针法将肩部的多余量指向BP点捏合固定，做出前肩省。

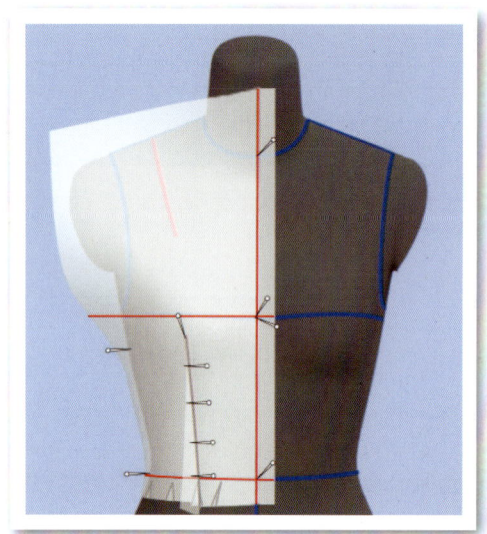

图7　　　　　　　　　　　　　图8

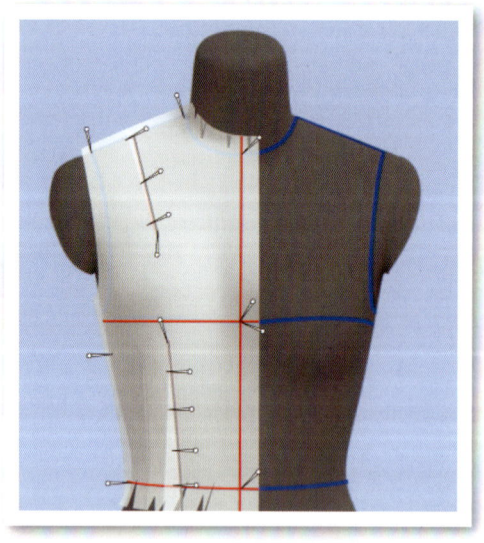

图9

3.7 标记造型线（图10）

检查各部位的平服度和松紧度，确认造型符合要求后，用记号笔以虚线的形式，把领口弧线、肩线、袖窿弧线、侧缝线、腰省、肩省等描画出来，预留出缝份，将多余的坯布修剪干净。

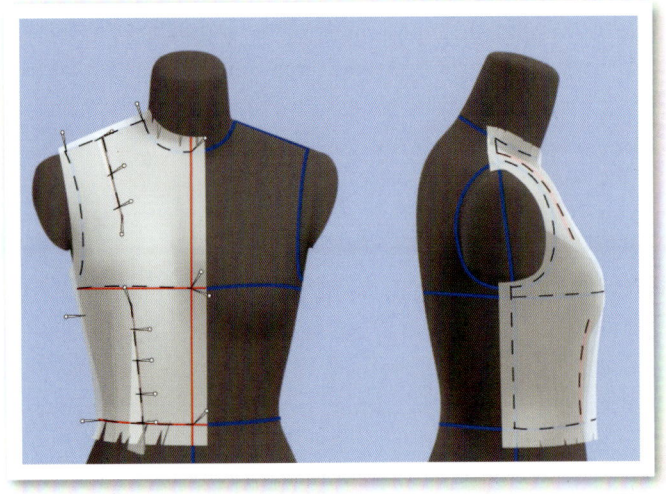

图 10

4. 取样拓样

4.1 取样（图 11）

取下前衣片，用直尺画好肩线、侧缝线、腰省、肩省；用曲线板画顺领口弧线和袖窿弧线。

图 11

4.2 拓样（图 12）

将经过修正的衣片通过假缝套在人台上进行试穿，检查衣片造型是否准确无误。如果有误，说明前面操作不当，必须进行修改。如果没有问题，可将衣片取下来，拓出纸样。

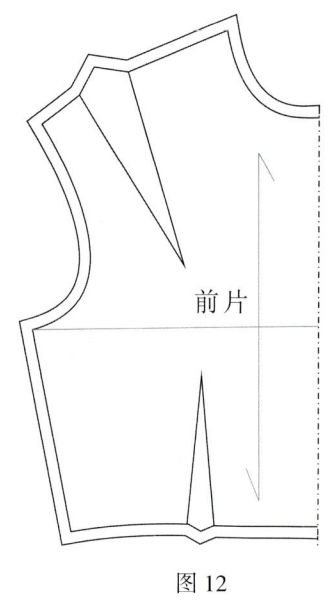

图 12

★ **任务要求**

（1）准备好立体裁剪工具。

（2）根据款式图分析款式特点。

（3）运用立体裁剪操作手法，根据款式图完成立体裁剪任务。

★ **参考资料**

约瑟夫－阿姆斯特朗．服装立体裁剪[M]．刘驰，钟敏维，译．上海：东华大学出版社，2016．

邓鹏举，张志宇，徐曼曼．服装立体裁剪[M]．3版．北京：化学工业出版社，2017．

三吉满智子．服装造型学理论篇[M]．郑嵘，张浩，韩洁羽，译．北京：中国纺织出版社，2006．

★ **材料工具清单**

款式图、人台、坯布、熨斗、标识带、珠针、针插、打版尺、曲线尺、软尺、记号笔。

★ **质量检测要求**

（1）**工艺要求**：大头针针尖排列有序，间距均匀，针尖方向一致，针脚小；缝份倒向合理，缝子平整；毛边处理光净整齐，无毛露；布料纱向正确，符合结构和款式风格造型要求；标记点交代清楚。

（2）**外观造型要求**：衣身平衡，干净、整洁、无毛露；胸围松量分配适度，胸和肩胛骨立体适度；腰部合体；袖窿平服，空隙量适度；领口平服，止口不外翻，无浮起或紧拉；无不良皱褶。

工作任务 2：领省立体裁剪

工作任务单

★ **学习场**

衣身部件立体裁剪

★ **学习情境**

衣身省道变化与应用

★ **学习性工作任务**

领省立体裁剪

★ **典型工作过程**

立体裁剪准备—款式图分析—立体裁剪操作—取样拓样

★ **任务目标**

素养目标：增强学生的空间感知能力；培养解决问题的能力和面对失败不气馁的学习态度。

知识目标：理解领省立体裁剪操作流程。

能力目标：掌握领省立体裁剪操作手法与技巧；完成领省立体裁剪。

★ **任务流程图**

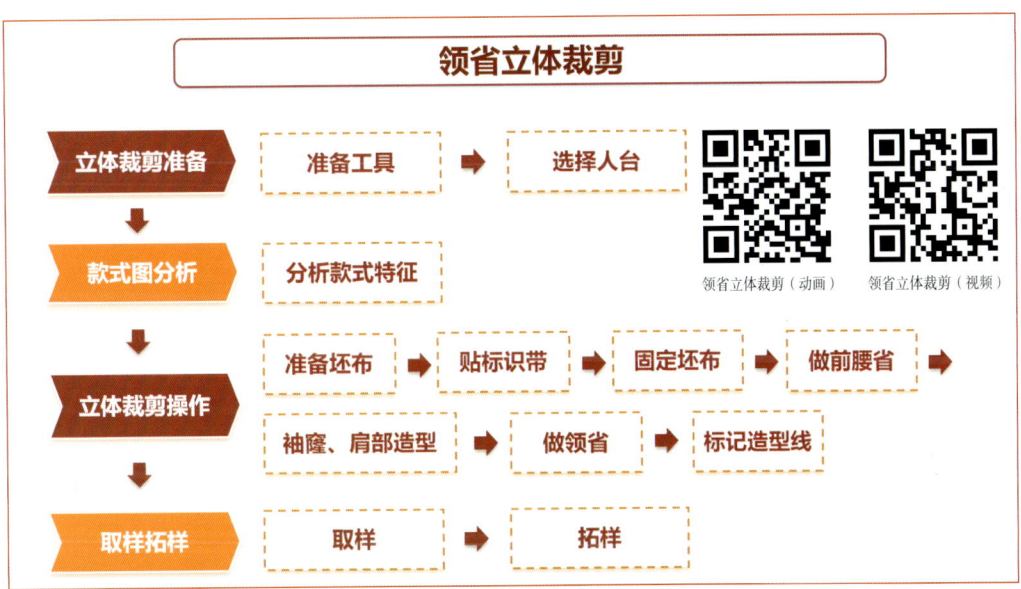

★ **任务描述**

1. 立体裁剪准备

1.1 准备工具

珠针、针插、打版尺、曲线尺、软尺、记号笔、标识带等。

1.2 选择人台

根据规格尺寸中的胸围、腰围及臀围尺寸选择适合的人台（165/84A）。

2. 款式图分析（图1）

合体上衣；圆领；前片左右腰省和领省各1个；无袖。

图1

3. 立体裁剪操作

3.1 准备坯布

（1）根据款式确定坯布量（宽×长＝32cm×50cm）（图2）。

（2）裁剪坯布，整理布纹（图3）。

（3）标记各裁片的布纹方向（图4）。

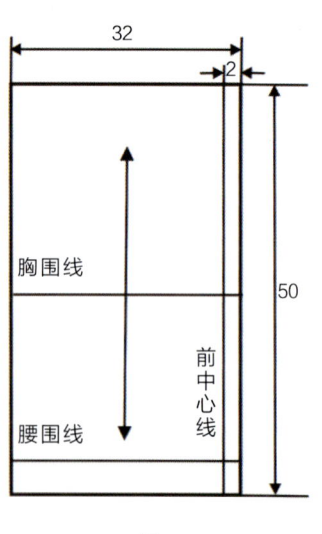

图2

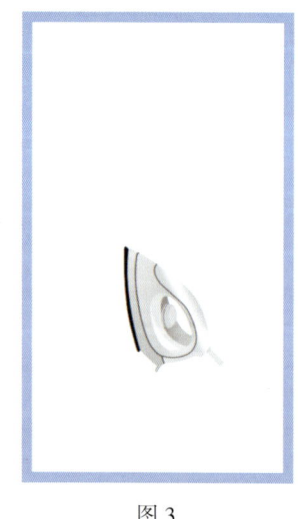

图3

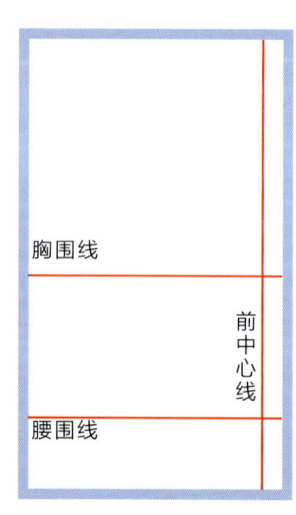

图4

3.2 贴标识带（图5）

根据款式图在人台上贴标识带。

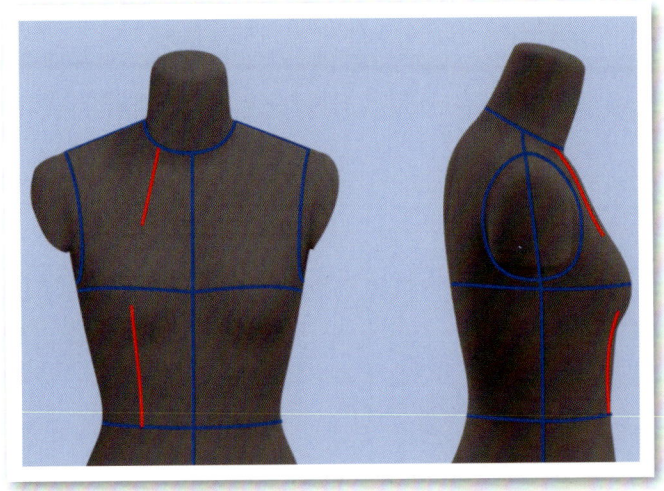

图5

3.3 固定坯布（图6）

将坯布的前中心线、胸围线和腰围线与人台的前中心线、胸围线和腰围线重叠，在前中心线上，用交叉固定针法固定前中心线与胸围线的交点，用单针分别固定领口和腰节。

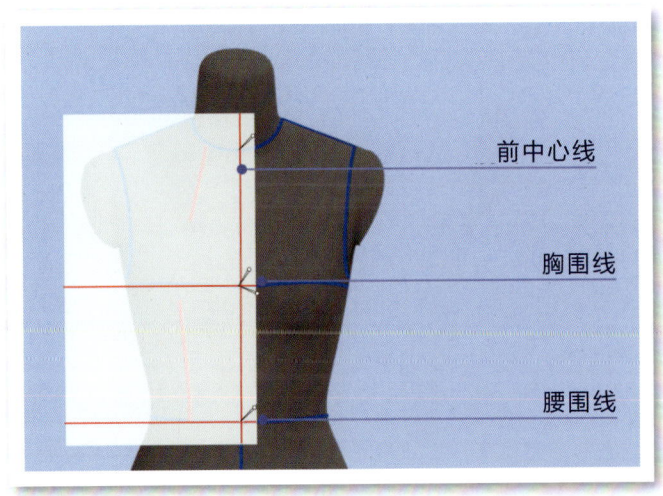

图6

3.4 做前腰省（图7）

保持胸围线水平，腰节线以下的坯布斜向打剪口，并将胸腰差量推移到腰部，用折合针法将腰部松量捏合固定，做出腰省，并在侧缝线上、下两处分别用单针固定。

3.5 前袖窿、肩部造型（图8）

将袖窿、肩部多余量推送至领口处，根据标识线预留缝份修剪，完成袖窿、肩部的造型。

3.6 做领省（图9）

根据领圈标识线修剪领部多余布量，用折合针法将领部的多余量指向BP点捏合固定，做出领省。

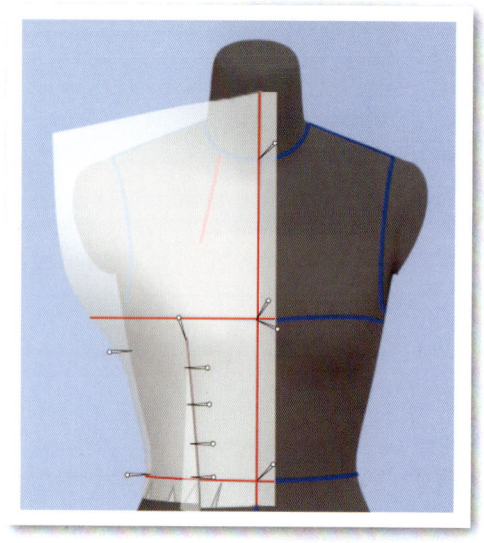
图7

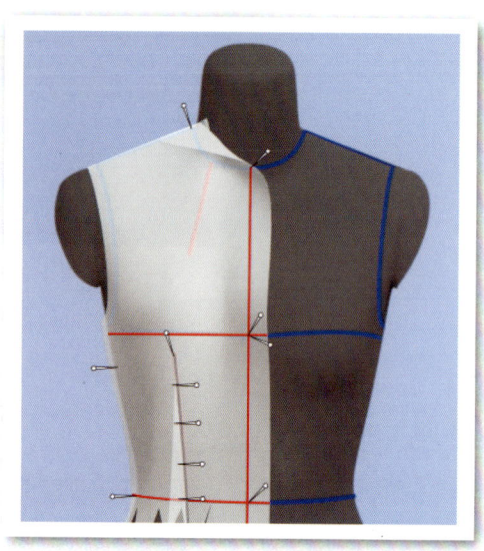
图8

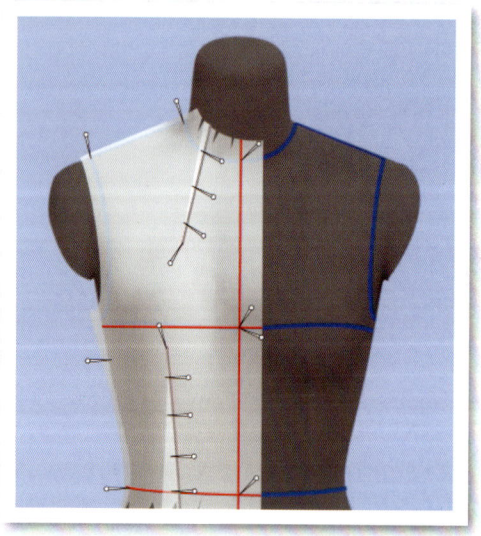
图9

3.7 标记造型线（图10）

检查各部位的平服度和松紧度，确认造型符合要求后，用记号笔以虚线的形式，把领口弧线、肩线、袖窿弧线、侧缝线、腰省、领省等描画出来，预留出缝份，将多余的坯布修剪干净。

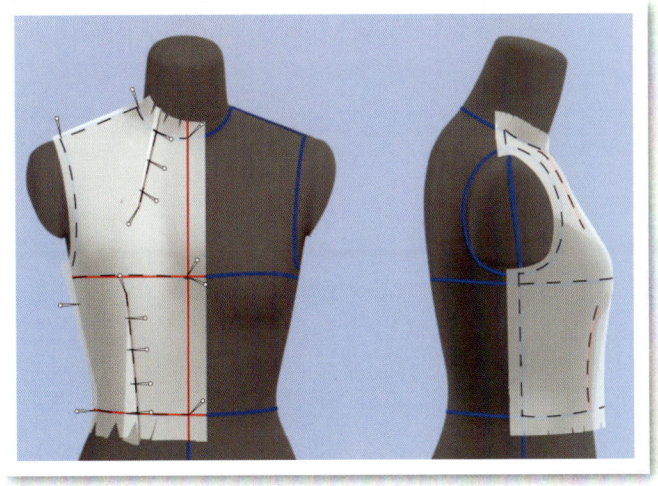

图 10

4. 取样拓样

4.1 取样（图 11）

取下前衣片，用直尺画好肩线、侧缝线、腰省、领省；用曲线板画顺袖窿弧线；别合领省后，用曲线板画顺领口弧线。

图 11

4.2 拓样（图 12）

将经过修正的衣片通过假缝套在人台上进行试穿，检查衣片造型是否准确无误。如果有误，说明前面操作不当，必须进行修改。如果没有问题，可将衣片取下来，拓出纸样。

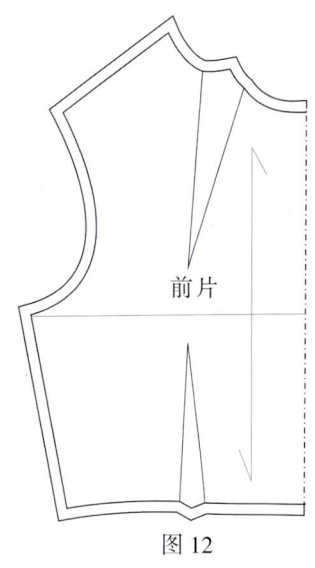

图 12

★ 任务要求

（1）准备好立体裁剪工具。

（2）根据款式图分析款式特点。

（3）运用立体裁剪操作手法，根据款式图完成立体裁剪任务。

★ 参考资料

约瑟夫－阿姆斯特朗．服装立体裁剪[M]．刘驰，钟敏维，译．上海：东华大学出版社，2016．

邓鹏举，张志宇，徐曼曼．服装立体裁剪[M]．3版．北京：化学工业出版社，2017．

三吉满智子．服装造型学理论篇[M]．郑嵘，张浩，韩洁羽，译．北京：中国纺织出版社，2006．

★ 材料工具清单

款式图、人台、坯布、熨斗、标识带、珠针、针插、打版尺、曲线尺、软尺、记号笔。

★ 质量检测要求

（1）**工艺要求：**大头针针尖排列有序，间距均匀，针尖方向一致，针脚小；缝份倒向合理，缝子平整；毛边处理光净整齐，无毛露；布料纱向正确，符合结构和款式风格造型要求；标记点交代清楚。

（2）**外观造型要求：**衣身平衡，干净、整洁、无毛露；胸围松量分配适度，胸和肩胛骨立体适度；腰部合体；袖窿平服，空隙量适度；领口平服，止口不外翻，无浮起或紧拉；无不良皱褶。

工作任务 3：前片"T"型省立体裁剪

工作任务单

★ **学习场**

衣身部件立体裁剪

★ **学习情境**

衣身省道变化与应用

★ **学习性工作任务**

前片"T"型省立体裁剪

★ **典型工作过程**

立体裁剪准备—款式图分析—立体裁剪操作—取样拓样

★ **任务目标**

素养目标： 提高学生审美水平；培养学生追求完美、精益求精的工匠精神。

知识目标： 理解"T"型省立体裁剪操作流程。

能力目标： 掌握"T"型省立体裁剪操作手法与技巧；完成"T"型省立体裁剪。

★ **任务流程图**

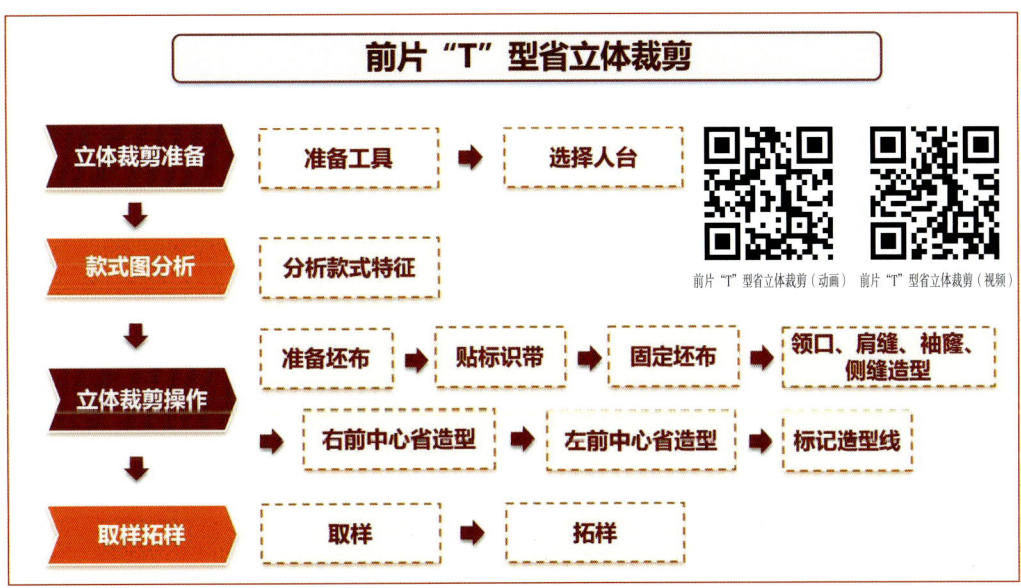

★ **任务描述**

1. 立体裁剪准备

1.1 准备工具

珠针、针插、打版尺、曲线尺、软尺、记号笔、标识带等。

1.2 选择人台

根据规格尺寸中的胸围、腰围及臀围尺寸选择适合的人台（165/84A）。

2. 款式图分析（图1）

合体上衣；圆领；前片腰口处做"T"型省；无袖。

图1

3. 立体裁剪操作

3.1 准备坯布

（1）根据款式确定坯布量（宽×长＝60cm×55cm）（图2）。

（2）裁剪坯布，整理布纹（图3）。

（3）标记各裁片的布纹方向（图4）。

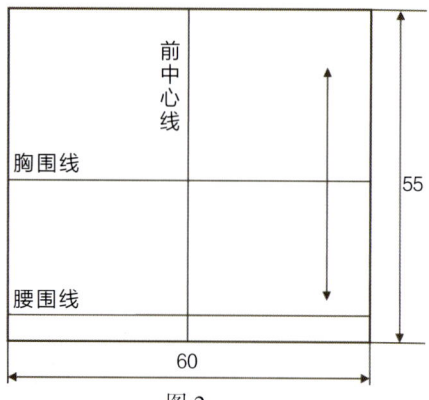

图2

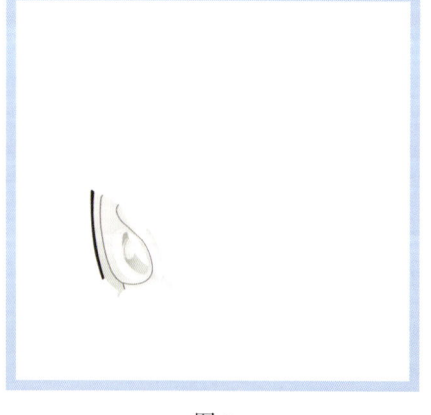

图3

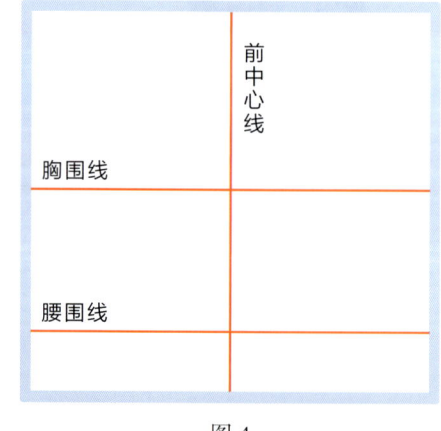

图4

3.2 贴标识带（图5）

根据款式图在人台上贴标识带。

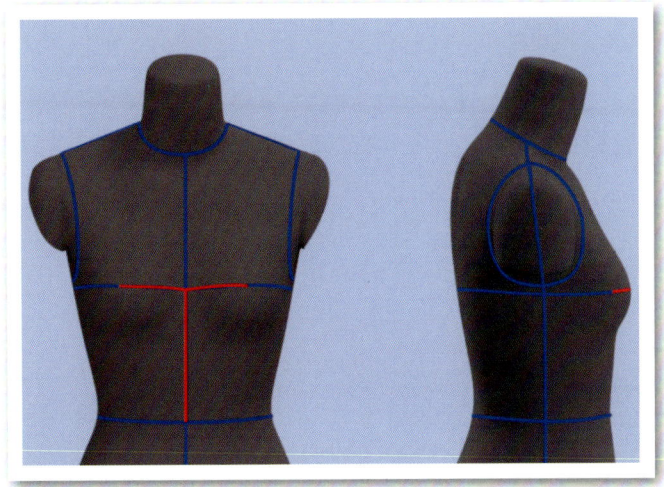

图5

3.3 固定坯布（图6）

将坯布的前中心线、胸围线和腰围线与人台的前中心线、胸围线和腰围线重叠。在前中心线上，用交叉固定针法固定前中心线与胸围线的交点，用单针固定领口和腰节。

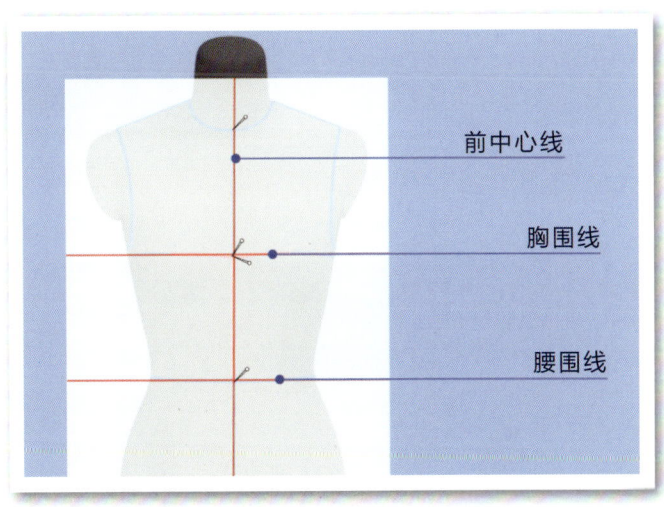

图6

3.4 领口、肩缝、袖窿、侧缝造型（图7）

沿前领圈标识线打剪口，将胸以上的量抚平，经左右肩缝、袖窿、侧缝，将多余的量推移到前中心；修剪领口、左右肩缝、袖窿、侧缝处多余的坯布。

3.5 右前中心省造型（图8）

沿前中心线自下而上，剪至前中心省位。根据款式图调整右前中心省的造型，折合右前中心省；将右边多余的部分抚平，沿前中心线，用虚线标记在坯布上，预留缝份，修剪多余坯布。

3.6 左前中心省造型（图9）

根据款式图调整左前腰中心省的造型，折合左前中心省；将左边多余的部分抚平，沿前中心线，用虚线标记在坯布上，预留缝份，修剪多余坯布，用折合针法固定。

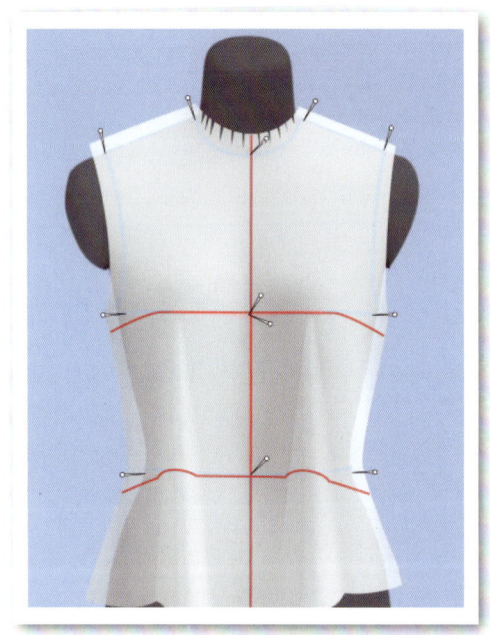

图7

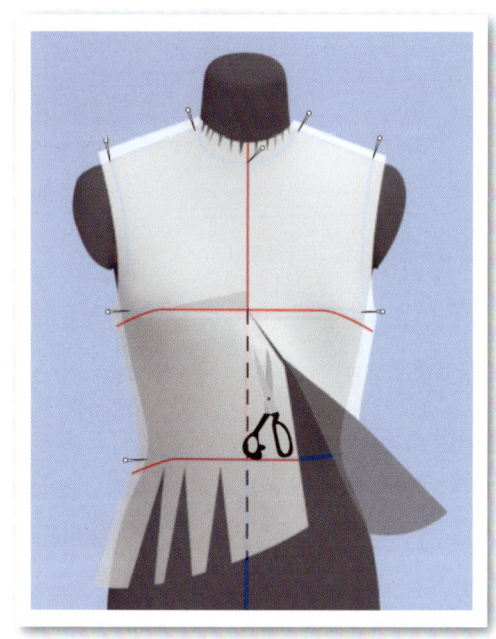

图8

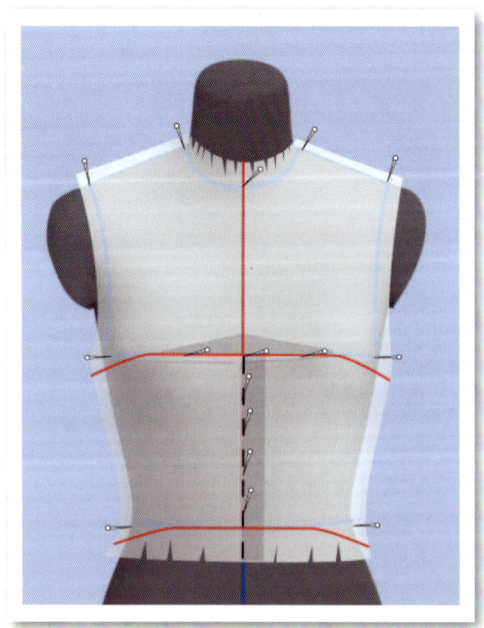

图9

3.7 标记造型线（图10）

检查各部位的平服度和松紧度，确认造型符合要求后，用记号笔以虚线的形式，把领口弧线、肩线、袖窿弧线、侧缝线、前中心省等描画出来；预留出缝份，将多余的坯布修剪干净。

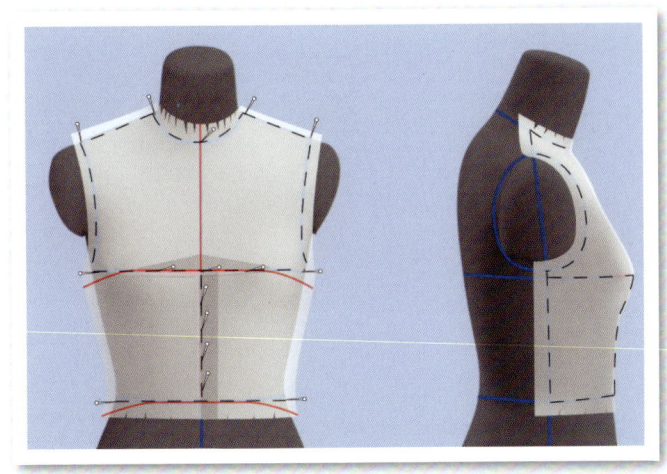

图10

4. 取样拓样

4.1 取样（图11）

取下前衣片，用直尺画好肩线、侧缝线、前中心省；用曲线板画顺领口弧线和袖窿弧线。

图11

4.2 拓样（图12）

将经过修正的衣片通过假缝套在人台上进行试穿，检查衣片造型是否准确无误。如果有误，说明前面操作不当，必须进行修改。如果没有问题，可将衣片取下来，拓出纸样。

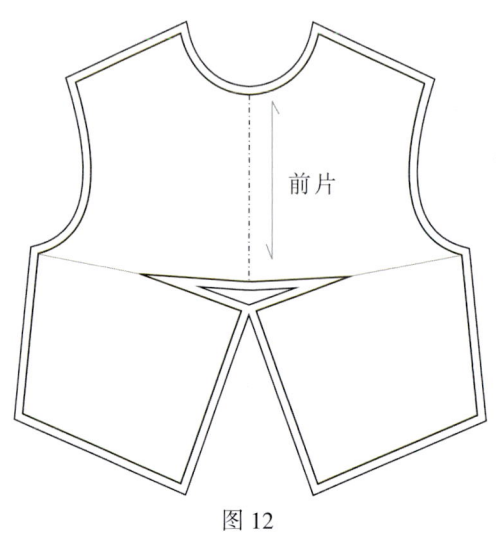

图 12

★ **任务要求**

（1）准备好立体裁剪工具。

（2）根据款式图分析款式特点。

（3）运用立体裁剪操作手法，根据款式图完成立体裁剪任务。

★ **参考资料**

约瑟夫-阿姆斯特朗. 服装立体裁剪[M]. 刘驰，钟敏维，译. 上海：东华大学出版社，2016.

邓鹏举，张志宇，徐曼曼. 服装立体裁剪[M].3版. 北京：化学工业出版社，2017.

三吉满智子. 服装造型学理论篇[M]. 郑嵘，张浩，韩洁羽，译. 北京：中国纺织出版社，2006.

★ **材料工具清单**

款式图、人台、坯布、熨斗、标识带、珠针、针插、打版尺、曲线尺、软尺、记号笔。

★ **质量检测要求**

（1）**工艺要求：** 大头针针尖排列有序，间距均匀，针尖方向一致，针脚小；缝份倒向合理，缝子平整；毛边处理光净整齐，无毛露；布料纱向正确，符合结构和款式风格造型要求；标记点交代清楚。

（2）**外观造型要求：** 衣身平衡，干净、整洁、无毛露；胸围松量分配适度，胸和肩胛骨立体适度；腰部合体；袖窿平服，空隙量适度；领口平服，止口不外翻，无浮起或紧拉；无不良皱褶。

工作任务 4：前片"Y"型省立体裁剪
工作任务单

★ **学习场**

衣身部件立体裁剪

★ **学习情境**

衣身省道变化与应用

★ **学习性工作任务**

前片"Y"型省立体裁剪

★ **典型工作过程**

立体裁剪准备—款式图分析—立体裁剪操作—取样拓样

★ **任务目标**

素养目标： 培养学生树立质量意识和安全意识；提高学生严谨认真、一丝不苟的实践探索精神。

知识目标： 理解"Y"型省立体裁剪操作流程。

能力目标： 掌握"Y"型省立体裁剪操作手法与技巧；完成"Y"型省立体裁剪。

★ **任务流程图**

★ **任务描述**

1. 立体裁剪准备

1.1 准备工具

珠针、针插、打版尺、曲线尺、软尺、记号笔、标识带等。

1.2 选择人台

根据规格尺寸中的胸围、腰围及臀围尺寸选择适合的人台（165/84A）。

2. 款式图分析（图1）

合体上衣；圆领；前片腰口处做"Y"型省；无袖。

图1

3. 立体裁剪操作

3.1 准备坯布

（1）根据款式确定坯布量（宽 × 长 = 60cm×55cm）（图2）。

（2）裁剪坯布，整理布纹（图3）。

（3）标记各裁片的布纹方向（图4）。

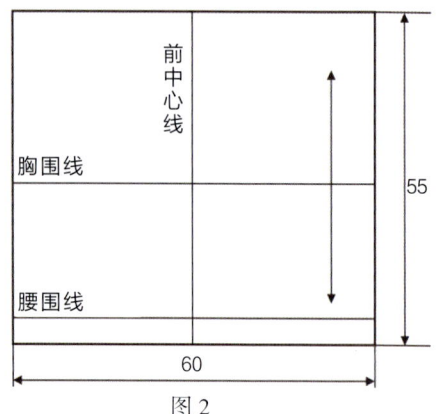

图2

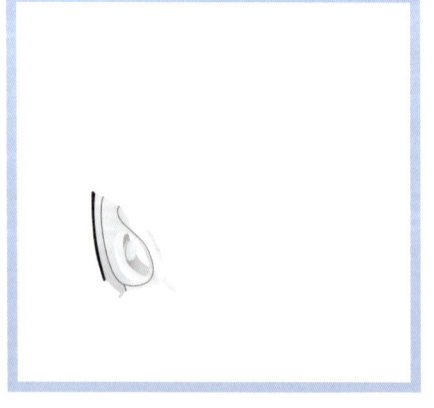

图3

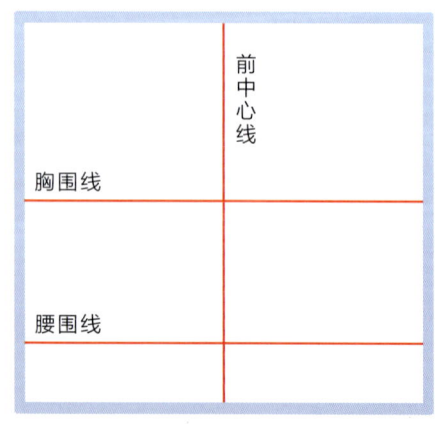

图4

3.2 贴标识带（图5）

根据款式图在人台上贴标识带。

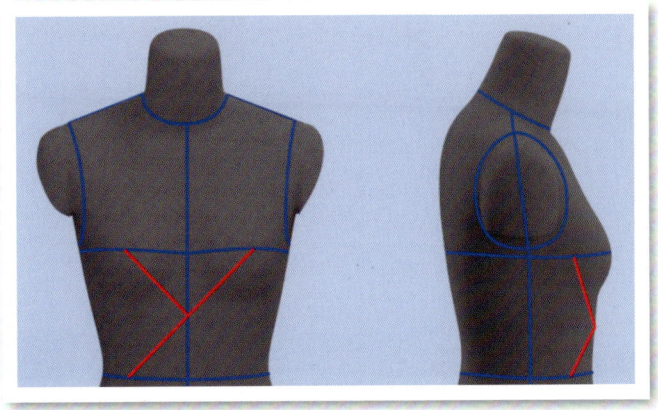

图5

3.3 固定坯布（图6）

将坯布的前中心线、胸围线和腰围线与人台的前中心线、胸围线和腰围线重叠。在前中心线上，用交叉固定针法固定前中心线与胸围线的交点，用单针固定领口和腰节。

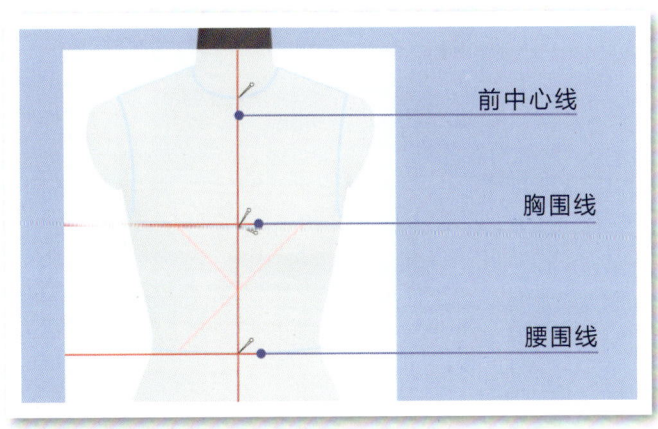

图6

3.4 领口、肩缝、袖窿、侧缝造型（图7）

沿前领圈标识线打剪口，将胸以上的量抚平，经左右肩缝、袖窿、侧缝，转移到腰口处固定；修剪领口、左右肩缝、袖窿、侧缝处多余的坯布。

3.5 右腰省造型（图8）

用折合针法将右腰处多余量指向BP点捏合固定，做出右腰省；根据人体模型上的标识线修剪多余量，调整右腰省造型。

3.6 左腰省造型（图9）

用折合针法将左腰处多余量指向BP点捏合固定，做出左腰省；根据人体模型上的标识线修剪多余量，调整左腰省造型。

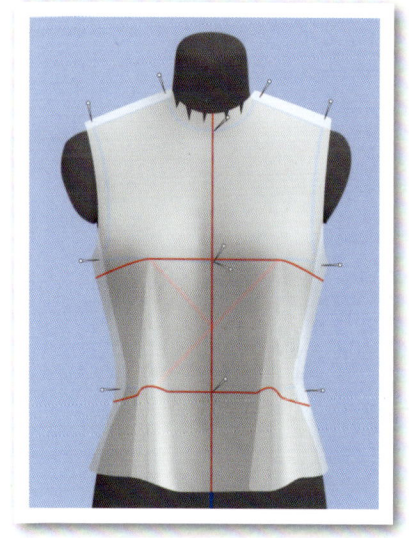

图 7

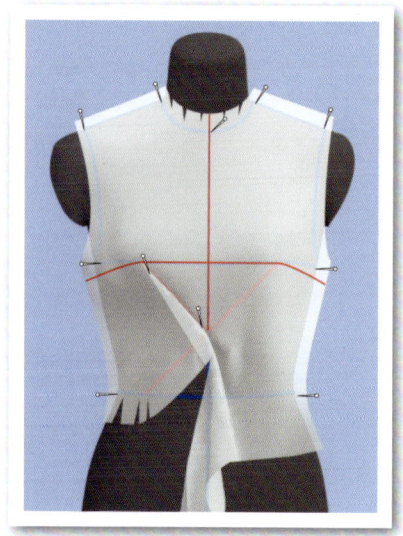

图 8

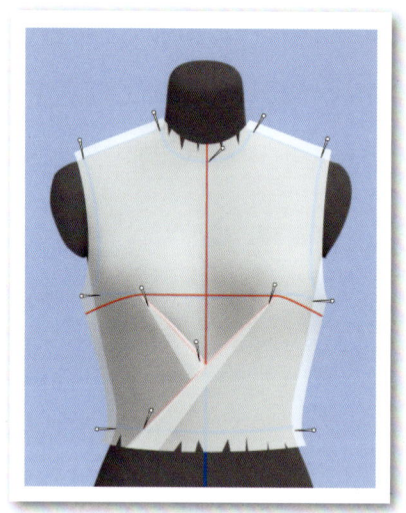

图 9

3.7 "Y"型省造型（图 10）

根据人体模型上的标识线，用折合针法完成"Y"型省造型。

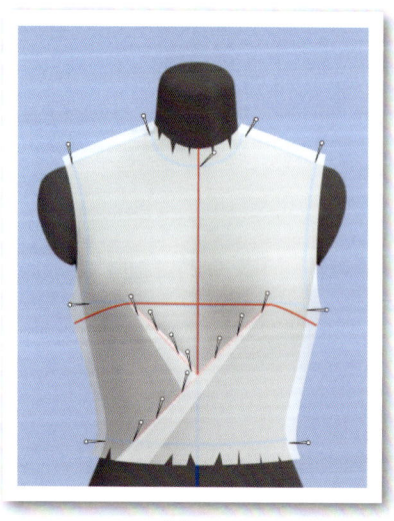

图 10

3.8 标记造型线（图11）

检查各部位的平服度和松紧度，确认造型符合要求后，用记号笔以虚线的形式，把领口弧线、肩线、袖窿弧线、侧缝线、"Y"型省等描画出来，预留出缝份，将多余的坯布修剪干净。

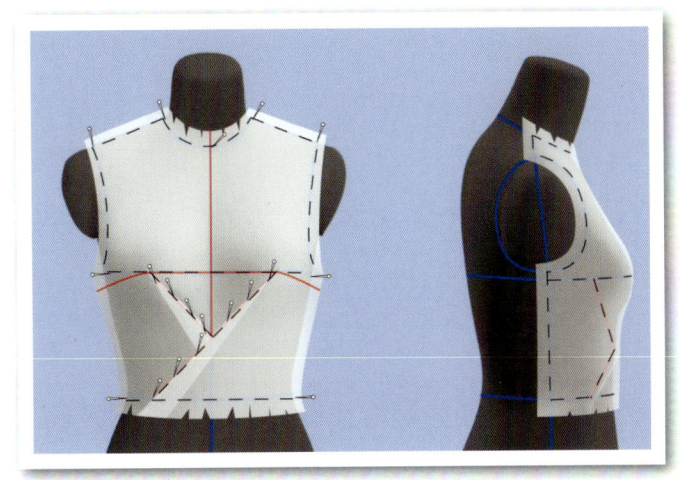

图11

4. 取样拓样

4.1 取样（图12）

取下前衣片，用直尺画好肩线、侧缝线、前中心省；用曲线板画顺领口弧线和袖窿弧线。

图12

4.2 拓样（图13）

将经过修正的衣片通过假缝套在人台上进行试穿，检查衣片造型是否准确无误。如果有误，说明前面操作不当，必须进行修改。如果没有问题，可将衣片取下来，拓出纸样。

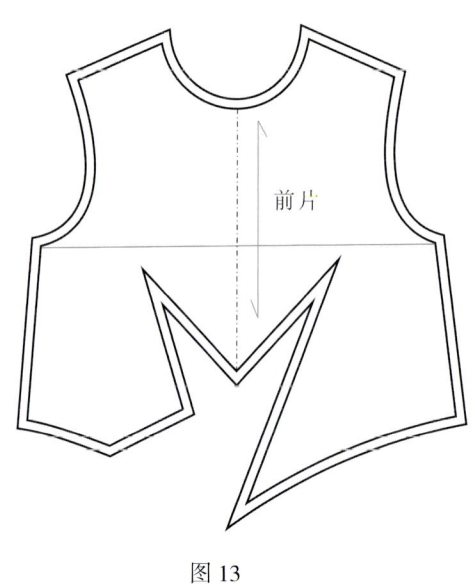

图 13

★ 任务要求

（1）准备好立体裁剪工具。

（2）根据款式图分析款式特点。

（3）运用立体裁剪操作手法，根据款式图完成立体裁剪任务。

★ 参考资料

约瑟夫-阿姆斯特朗．服装立体裁剪[M]．刘驰，钟敏维，译．上海：东华大学出版社，2016.

邓鹏举，张志宇，徐曼曼．服装立体裁剪[M]．3版．北京：化学工业出版社，2017.

三吉满智子．服装造型学理论篇[M]．郑嵘，张浩，韩洁羽，译．北京：中国纺织出版社，2006.

★ 材料工具清单

款式图、人台、坯布、熨斗、标识带、珠针、针插、打版尺、曲线尺、软尺、记号笔。

★ 质量检测要求

（1）工艺要求： 大头针针尖排列有序，间距均匀，针尖方向一致，针脚小；缝份倒向合理，缝子平整；毛边处理光净整齐，无毛露；布料纱向正确，符合结构和款式风格造型要求；标记点交代清楚。

（2）外观造型要求： 衣身平衡，干净、整洁、无毛露；胸围松量分配适度，胸和肩胛骨立体适度；腰部合体；袖窿平服，空隙量适度；领口平服，止口不外翻，无浮起或紧拉；无不良皱褶。

工作任务 5：前片中心省加量立体裁剪

工作任务单

★ **学习场**

衣身部件立体裁剪

★ **学习情境**

衣身省道变化与应用

★ **学习性工作任务**

前片中心省加量立体裁剪

★ **典型工作过程**

立体裁剪准备—款式图分析—立体裁剪操作—取样拓样

★ **任务目标**

素养目标：提高学生审美水平；培养学生细致入微的观察意识和精益求精的工匠精神。

知识目标：理解中心省加量立体裁剪操作流程。

能力目标：掌握中心省加量立体裁剪操作手法与技巧；完成中心省加量立体裁剪。

★ **任务流程图**

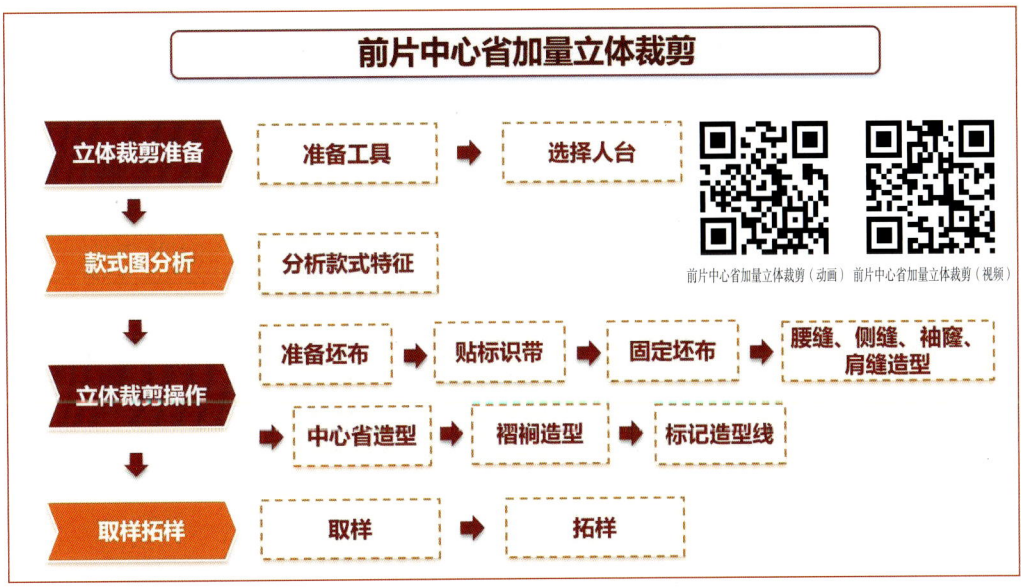

★ **任务描述**

1. 立体裁剪准备

1.1 准备工具

珠针、针插、打版尺、曲线尺、软尺、记号笔、标识带等。

1.2 选择人台

根据规格尺寸中的胸围、腰围及臀围尺寸选择适合的人台（165/84A）。

2. 款式图分析（图1）

合体上衣；圆领；前片领口处做加量裥的设计；无袖。

图1

3. 立体裁剪操作

3.1 准备坯布

（1）根据款式确定坯布量（宽×长＝60cm×55cm）（图2）。

（2）裁剪坯布，整理布纹（图3）。

（3）标记各裁片的布纹方向（图4）。

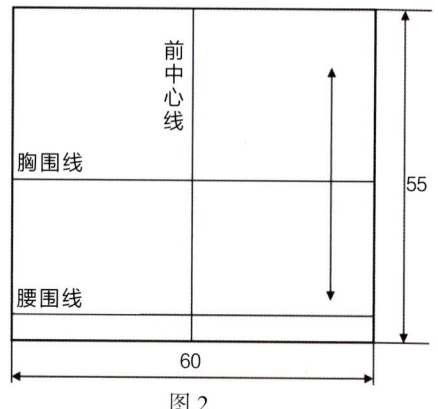

图2

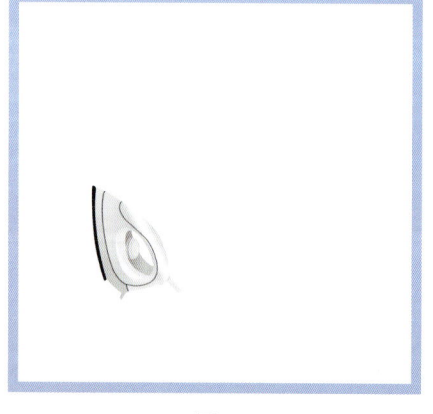

图3

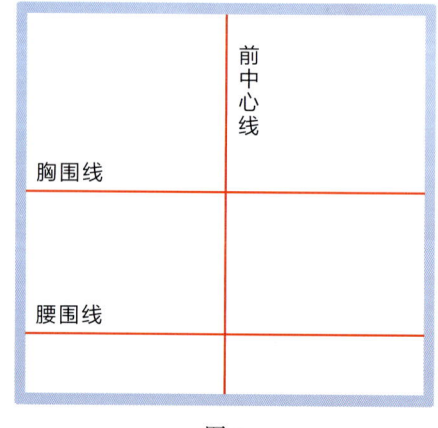

图4

3.2 贴标识带（图5）

根据款式图在人台上贴标识带。

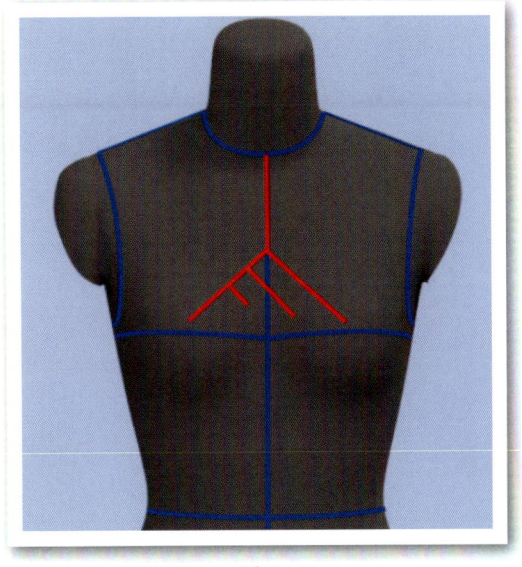

图5

3.3 固定坯布（图6）

将坯布的前中心线、胸围线和腰围线与人台的前中心线、胸围线和腰围线重叠。在前中心线上，用交叉固定针法固定前中心线与胸围线的交点，用单针固定领口和腰节。

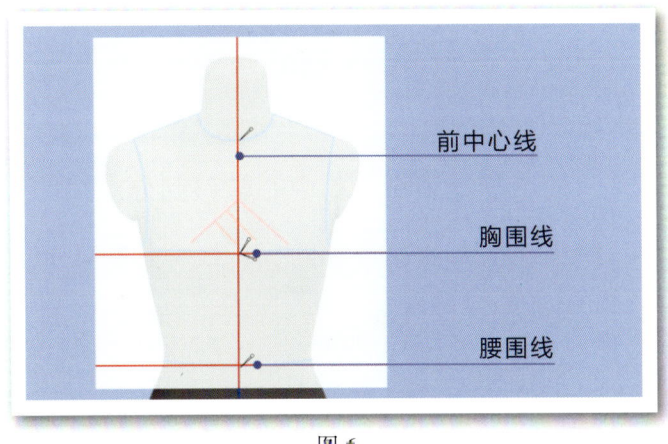

图6

3.4 腰缝、侧缝、袖窿、肩缝造型（图7）

沿腰线打剪口，将腰部的余量经左右侧缝、袖窿、肩缝转移到领圈处固定；修剪左右腰缝、侧缝、袖窿、肩缝处多余的坯布。

3.5 中心省造型（图8、图9）

根据款式图调整中心省的造型后，用虚线在坯布上标记新的前中心线；沿新前中心线预留缝份并自上而下剪开，经中心省中线剪至褶裥造型位置，用针固定中心省型。

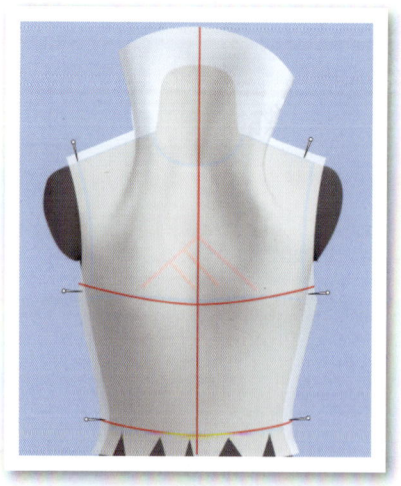

图 7

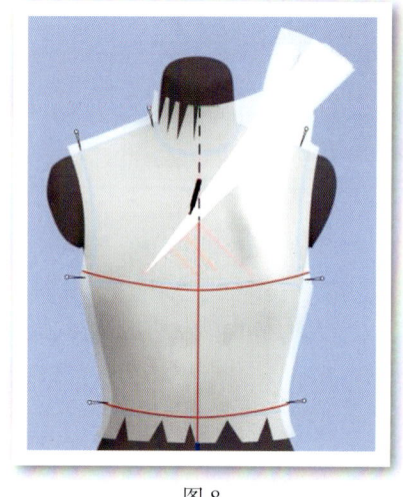

图 8

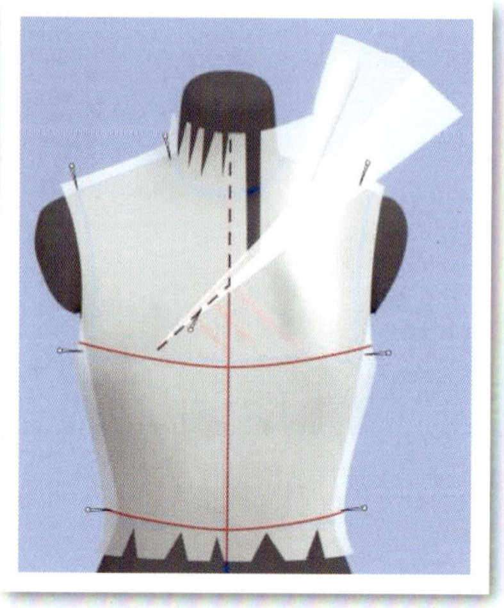

图 9

3.6 褶裥造型（图 10、图 11）

掀开中心省，将左片的余量经领圈、前中心转移到分割线的位置，调整 3 个褶裥的造型，确定无误后，用虚线把人体模型上的标识线标记在坯布上；用折合针法完成中心省加量设计的造型，并修剪多余坯布。

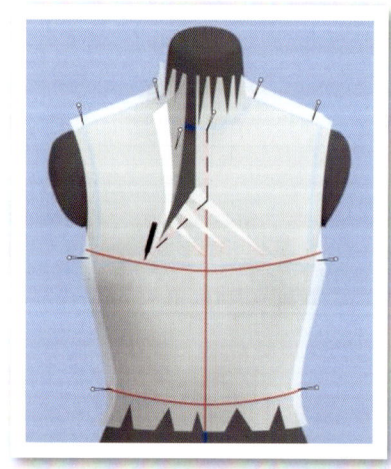

图 10

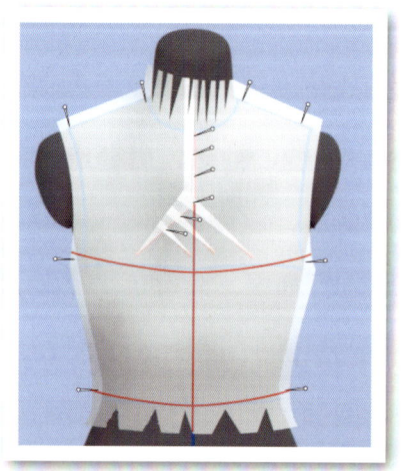

图 11

3.7 标记造型线（图12）

检查各部位的平服度和松紧度，确认造型符合要求后，用记号笔以虚线的形式，把领口弧线、肩线、袖窿弧线、侧缝线、前中心省、褶裥等描画出来；预留出缝份，将多余的坯布修剪干净。

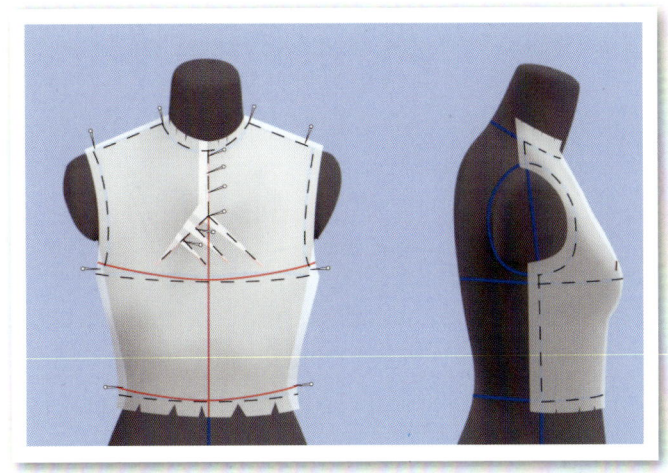

图12

4. 取样拓样

4.1 取样（图13）

取下前衣片，用直尺画好肩线、侧缝线、前中心省、褶裥；用曲线板画顺领口弧线和袖窿弧线。

图13

4.2 拓样（图14）

将经过修正的衣片通过假缝套在人台上进行试穿，检查衣片造型是否准确无误。如果有误，说明前面操作不当，必须进行修改。如果没有问题，可将衣片取下来，拓出纸样。

学习场三：衣身部件立体裁剪

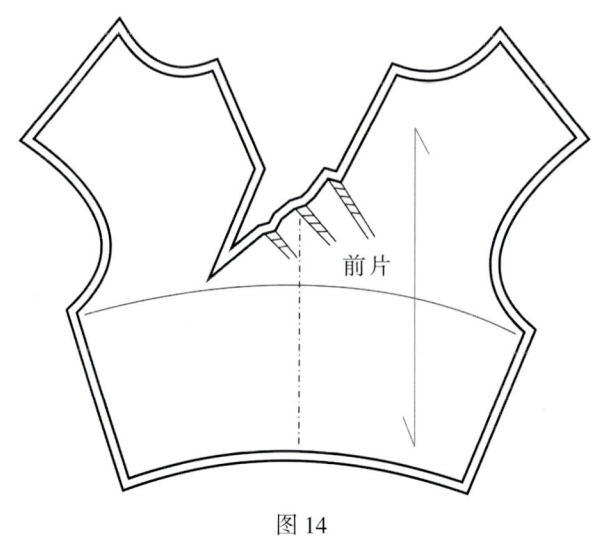

图 14

★ 任务要求

（1）准备好立体裁剪工具。

（2）根据款式图分析款式特点。

（3）运用立体裁剪操作手法，根据款式图完成立体裁剪任务。

★ 参考资料

约瑟夫-阿姆斯特朗．服装立体裁剪[M]．刘驰，钟敏维，译．上海：东华大学出版社，2016．

邓鹏举，张志宇，徐曼曼．服装立体裁剪[M]．3版．北京：化学工业出版社，2017．

三吉满智子．服装造型学理论篇[M]．郑嵘，张浩，韩洁羽，译．北京：中国纺织出版社，2006．

★ 材料工具清单

款式图、人台、坯布、熨斗、标识带、珠针、针插、打版尺、曲线尺、软尺、记号笔。

★ 质量检测要求

（1）**工艺要求**：大头针针尖排列有序，间距均匀，针尖方向一致，针脚小缝份倒向合理，缝子平整；毛边处理光净整齐，无毛露；布料纱向正确，符合结构和款式风格造型要求；标记点交代清楚。

（2）**外观造型要求**：衣身平衡，干净、整洁、无毛露；胸围松量分配适度，胸和肩胛骨立体适度；腰部合体；袖窿平服，空隙量适度；领口平服，止口不外翻，无浮起或紧拉；无不良皱褶。

学习情境二：衣身分割线变化与应用

★ 课程思政

旨在通过学习，首先强调学生在操作中注重细节，力求完美，以此培养学生严谨的工作态度。其次引导学生理解并践行精益求精的工匠精神，将每一次练习视为作品，不断追求卓越。最后在提升学生的专业技能同时，更要在无形中塑造他们的职业素养与高尚情操。

★ 学习目标

（1）**知识与技能掌握**：掌握公主缝、刀背缝的基本概念及应用，理解分割线的作用与变化原理，并能够根据人体形态和设计需求，合理选择并应用不同的分割线类型。

（2）**能力培养**：强化空间想象与立体造型力，提升观察力与分析力，精准判断省道对服装的影响；增强实践操作能力，独立完成分割线设计与立体裁剪。

（3）**职业素养与态度**：培育工匠精神，注重细节完美；提升审美，追求实用与美观并重；勇于尝试新元素，培养探索精神；强化团队合作精神，协同完成任务。

★ 教学策略

（1）**理论与实践融合**：讲解示范分割线设计原理，随后实践，加深理解。

（2）**分层教学**：根据学生基础，任务从简至繁，逐步进阶。

（3）**案例分析**：引入实例，小组讨论，分享经验，促进学习。

（4）**强化技能训练与评估**：专项训练巩固技能，考核反馈促提升。

（5）**细节与完美并重**：强调细节精准，培养工匠精神，追求极致效果。

（6）**现代教学技术应用**：利用多媒体与在线资源，增强教学互动与趣味性，拓宽学生视野。

工作任务 1：前片公主缝立体裁剪
工作任务单

★ **学习场**

衣身部件立体裁剪

★ **学习情境**

衣身分割线变化与应用

★ **学习性工作任务**

前片公主缝立体裁剪

★ **典型工作过程**

立体裁剪准备　款式图分析—立体裁剪操作—取样拓样

★ **任务目标**

素养目标： 提高学生注重细节的准确性和完美性；培养学生严谨的工作态度、精益求精的工匠精神。

知识目标： 理解公主缝立体裁剪操作流程。

能力目标： 掌握公主缝立体裁剪操作手法与技巧；完成公主缝立体裁剪。

★ **任务流程图**

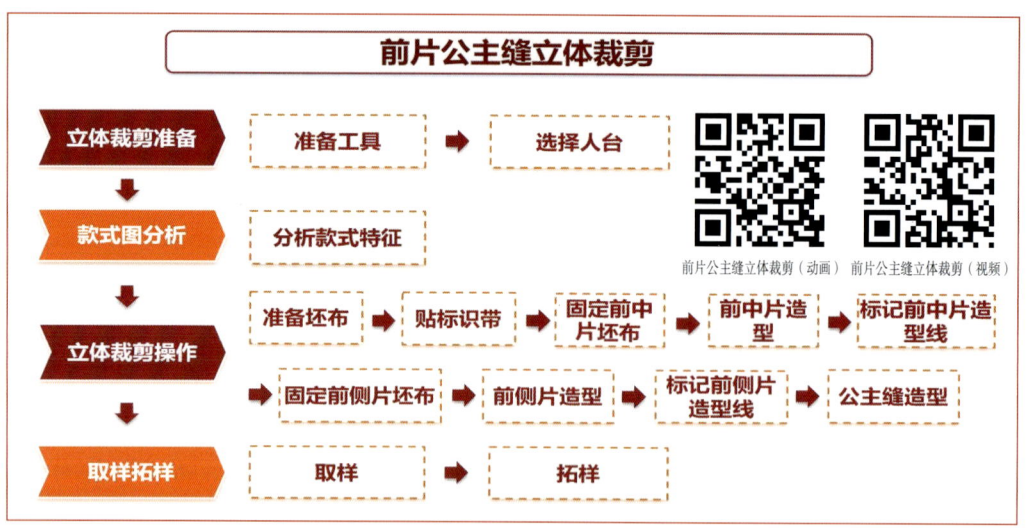

★ **任务描述**

1. **立体裁剪准备**

1.1 准备工具

珠针、针插、打版尺、曲线尺、软尺、记号笔、标识带等。

1.2 选择人台

根据规格尺寸中的胸围、腰围及臀围尺寸选择适合的人台（165/84A）。

2. 款式图分析（图1）

公主缝是从肩部往下延的偏中间线条，是服装中的一种分割线，让服装合身却不紧身。

合体上衣；圆领；前片做公主线分割；无袖。

图1

3. 立体裁剪操作

3.1 准备坯布

（1）根据款式确定坯布量（宽×长＝25cm×50cm，2片）（图2）。

（2）裁剪坯布，整理布纹（图3）。

（3）标记各裁片的布纹方向（图4）。

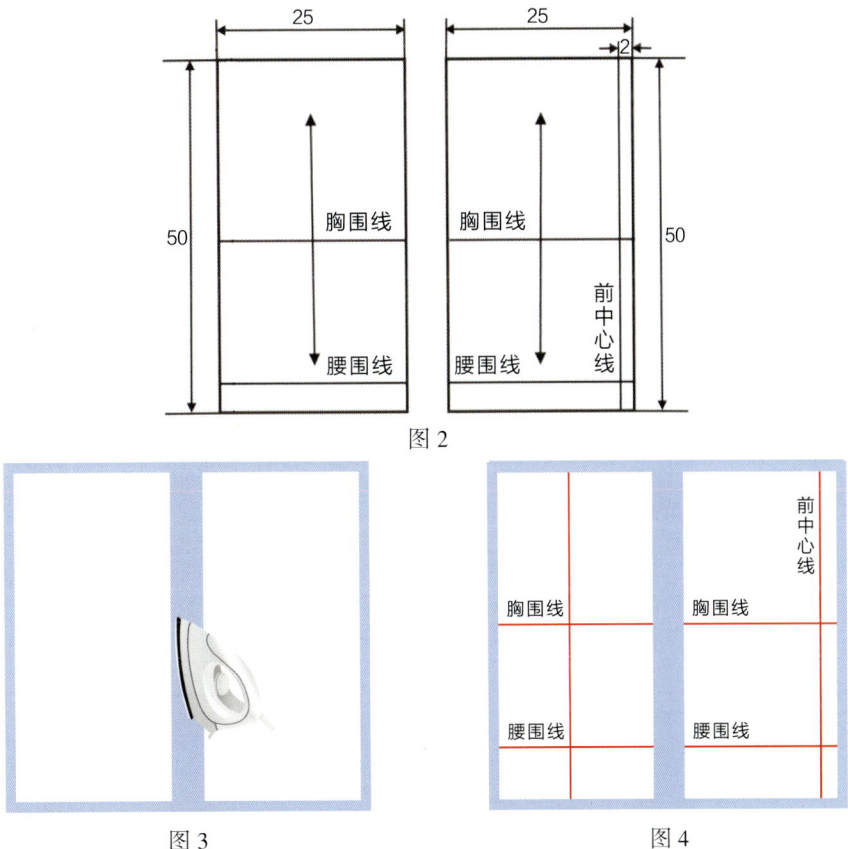

图2

图3　　图4

3.2 贴标识带（图5）

根据款式图在人台上贴标识带。

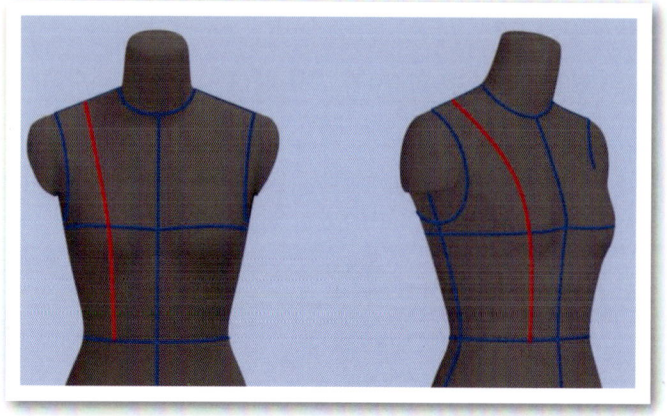

图5

3.3 固定前中片坯布（图6）

将坯布的前中心线、胸围线和腰围线与人台的前中心线、胸围线和腰围线重叠。在前中心线上，用交叉固定针法固定前中心线与胸围线的交点，用单针固定领口和腰节。

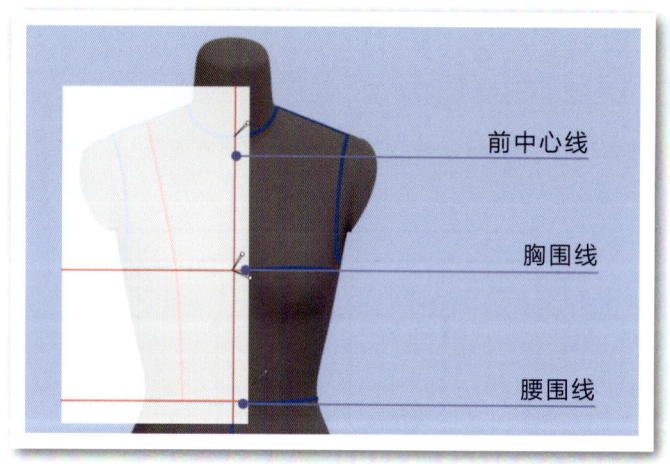

图6

3.4 前中片造型（图7）

沿前领圈标识线打剪口，抚平领口、肩缝、腰部及公主缝上的布料，修剪多余坯布后，在相应的对位点做好标记，固定。

3.5 标记前中片造型线（图8）

检查各部位的平服度和松紧度，确认造型符合要求后，用记号笔以虚线的形式，把领口弧线、肩缝、公主缝描画出来，预留出缝份，将多余的坯布修剪干净。

3.6 固定前侧片坯布（图9）

用单针将前侧片坯布的胸围线和腰围线与前中片坯布的胸围线和腰围线对齐固定；上下抚平坯布，使直丝缕垂直于地面，用单针固定。

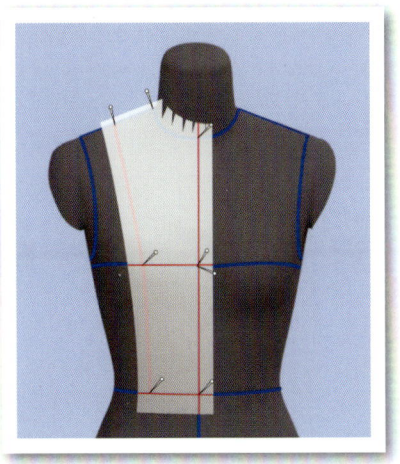

图7

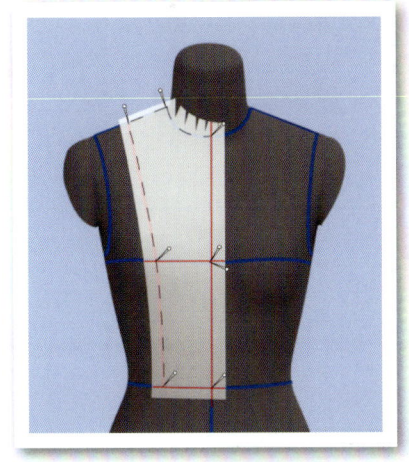

图8

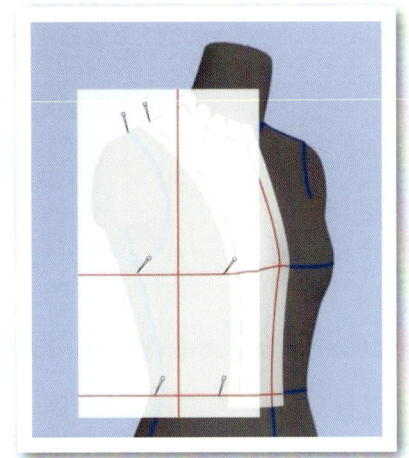

图9

3.7 前侧片造型（图10）

抚平前侧片中线两旁的坯布，打剪口，做标记；袖窿、侧缝、腰部预留放松量。

3.8 标记前侧片造型线（图11）

检查各部位的平服度和松紧度，确认造型符合要求后，用记号笔以虚线的形式，把肩缝、袖窿弧线、侧缝、公主缝描画出来，预留出缝份，将多余的坯布修剪干净。

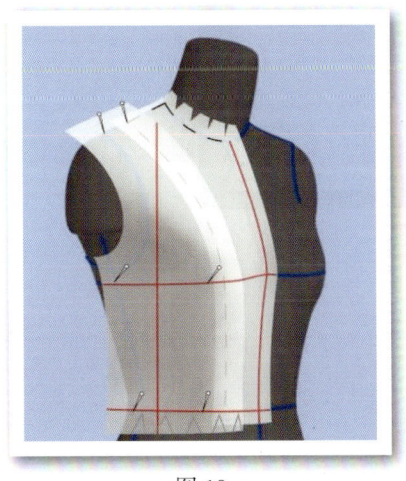

图10

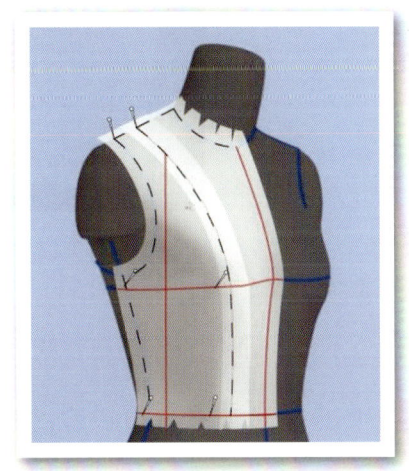

图11

3.9 公主缝造型（图12）

根据人体模型上的标识线，用折合针法完成公主缝造型。

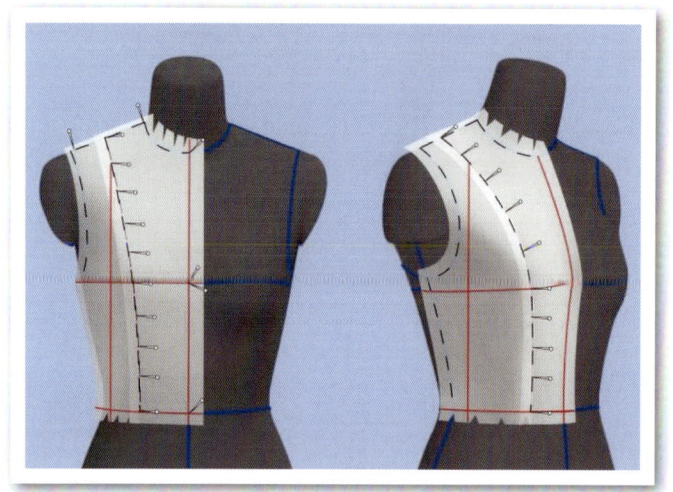

图12

4. 取样拓样

4.1 取样（图13）

取下前衣片，用直尺画好肩线、侧缝线；用曲线板画顺领口弧线、袖窿弧线和公主缝。

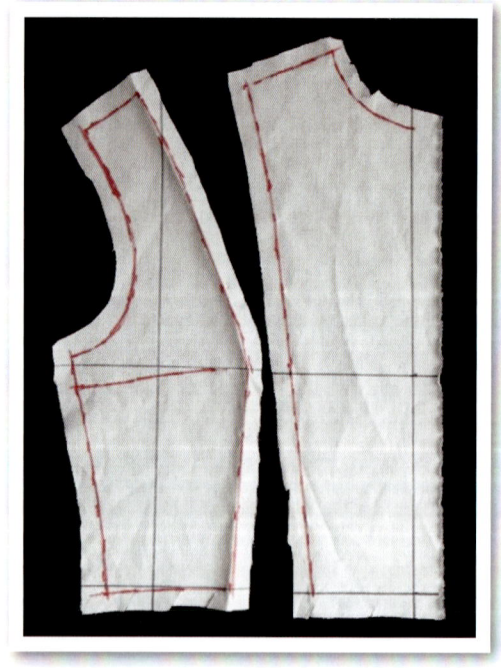

图13

4.2 拓样（图14）

将经过修正的衣片通过假缝套在人台上进行试穿，检查衣片造型是否准确无误。如果有误，说明前面操作不当，必须进行修改。如果没有问题，可将衣片取下来，拓出纸样。

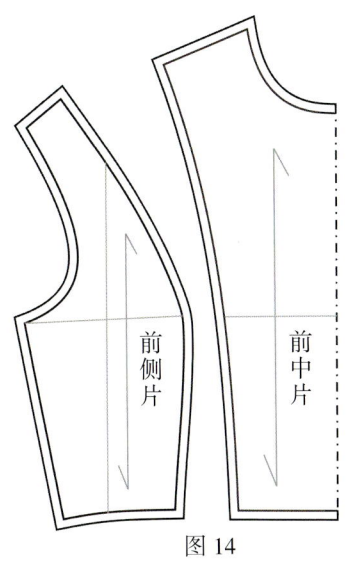

图 14

★ 任务要求

（1）准备好立体裁剪工具；

（2）根据款式图分析款式特点；

（3）运用立体裁剪操作手法，根据款式图完成立体裁剪任务。

★ 参考资料

约瑟夫-阿姆斯特朗．服装立体裁剪［M］．刘驰，钟敏维，译．上海：东华大学出版社，2016.

邓鹏举，张志宇，徐曼曼．服装立体裁剪［M］.3 版．北京：化学工业出版社，2017.

三吉满智子．服装造型学理论篇［M］．郑嵘，张浩，韩洁羽，译．北京：中国纺织出版社，2006.

★ 材料工具清单

款式图、人台、坯布、熨斗、标识带、珠针、针插、打版尺、曲线尺、软尺、记号笔。

★ 质量检测要求

（1）**工艺要求：**大头针针尖排列有序，间距均匀，针尖方向一致，针脚小；缝份倒向合理，缝子平整；毛边处理光净整齐，无毛露；布料纱向正确，符合结构和款式风格造型要求；标记点交代清楚。

（2）**外观造型要求：**衣身平衡，干净、整洁、无毛露；胸围松量分配适度，胸和肩胛骨立体适度；腰部合体；袖窿平服，空隙量适度；领口平服，止口不外翻，无浮起或紧拉；无不良皱褶。

工作任务 2：前片刀背缝立体裁剪
工作任务单

★ **学习场**

　　衣身部件立体裁剪

★ **学习情境**

　　衣身分割线变化与应用

★ **学习性工作任务**

　　前片刀背缝立体裁剪

★ **典型工作过程**

　　立体裁剪准备—款式图分析—立体裁剪操作—取样拓样

★ **任务目标**

　　素养目标：提高学生审美水平；培养学生严谨的工作态度和精益求精的工匠精神。

　　知识目标：理解刀背缝立体裁剪操作流程。

　　能力目标：掌握刀背缝立体裁剪操作手法与技巧；完成刀背缝立体裁剪。

★ **任务流程图**

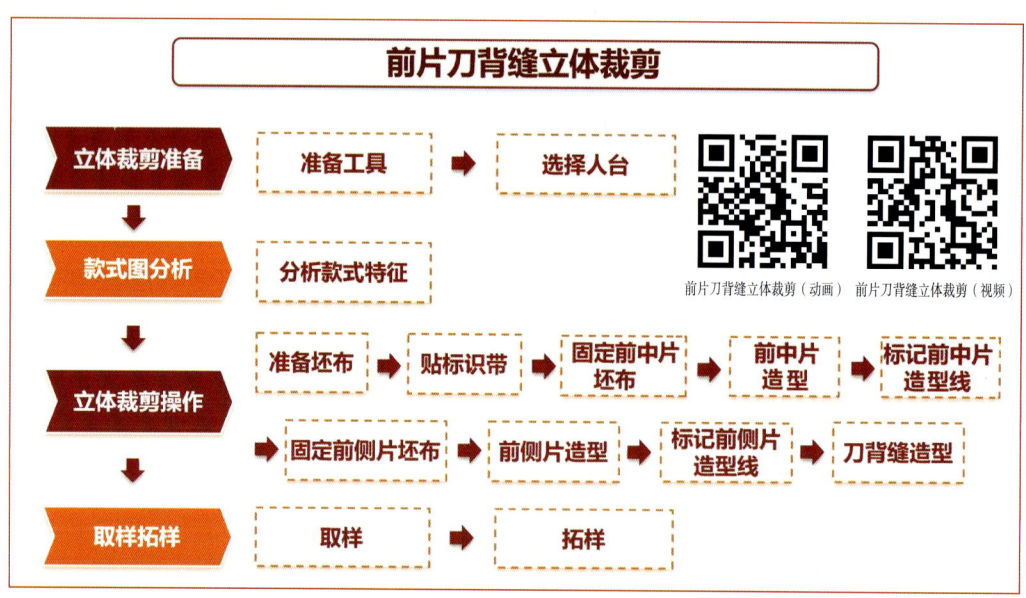

★ **任务描述**

1. 立体裁剪准备

1.1 准备工具

珠针、针插、打版尺、曲线尺、软尺、记号笔、标识带等。

1.2 选择人台

根据规格尺寸中的胸围、腰围及臀围尺寸选择适合的人台（165/84A）。

2. 款式图分析（图1）

合体上衣；圆领；前片做刀背缝分割；无袖。

3. 立体裁剪操作

3.1 准备坯布

（1）根据款式确定坯布量（宽×长＝32cm×50cm；宽×长＝20cm×50cm）（图2）。

（2）裁剪坯布，整理布纹（图3）。

（3）标记各裁片的布纹方向（图4）。

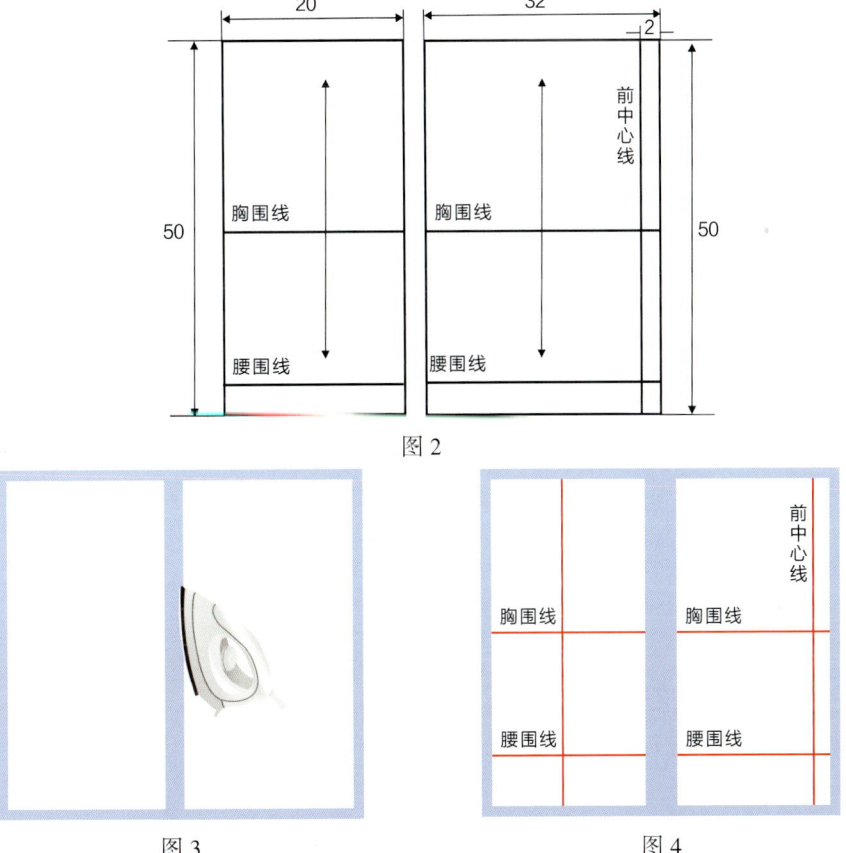

图2

图3　图4

3.2 贴标识带（图5）

根据款式图在人台上贴标识带。

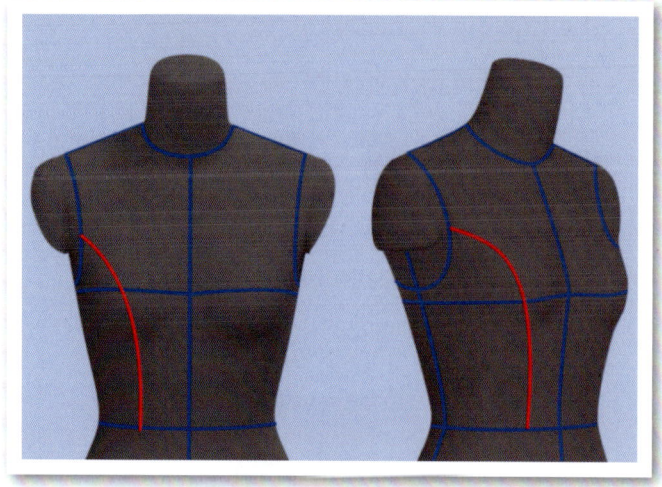

图5

3.3 固定前中片坯布（图6）

将坯布的前中心线、胸围线和腰围线与人台的前中心线、胸围线和腰围线重叠。在前中心线上，用交叉固定针法固定前中心线与胸围线的交点，用单针固定领口和腰节。

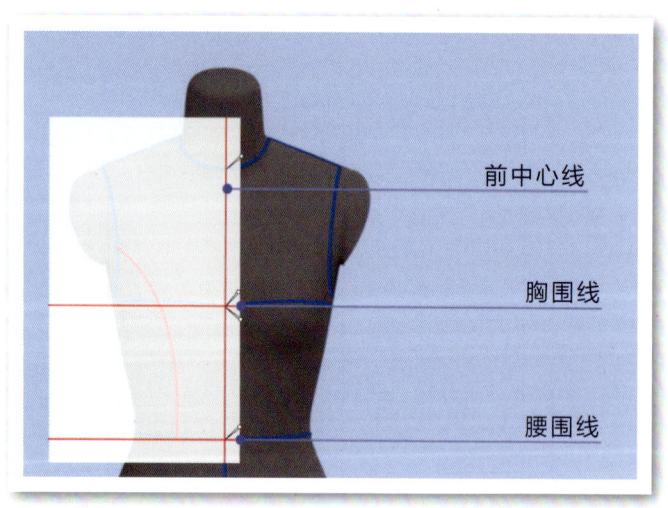

图6

3.4 前中片造型（图7）

沿前领圈标识线打剪口，抚平领口、肩缝、腰部及刀背缝上的布料，修剪多余坯布后，在相应的对位点做好标记，固定。

3.5 标记前中片造型线（图8）

检查各部位的平服度和松紧度，确认造型符合要求后，用记号笔以虚线的形式，把领口弧线、肩缝、袖窿弧线、刀背缝描画出来，预留出缝份，将多余的坯布修剪干净。

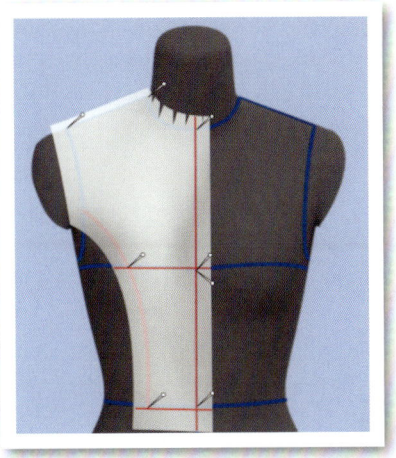

图 7

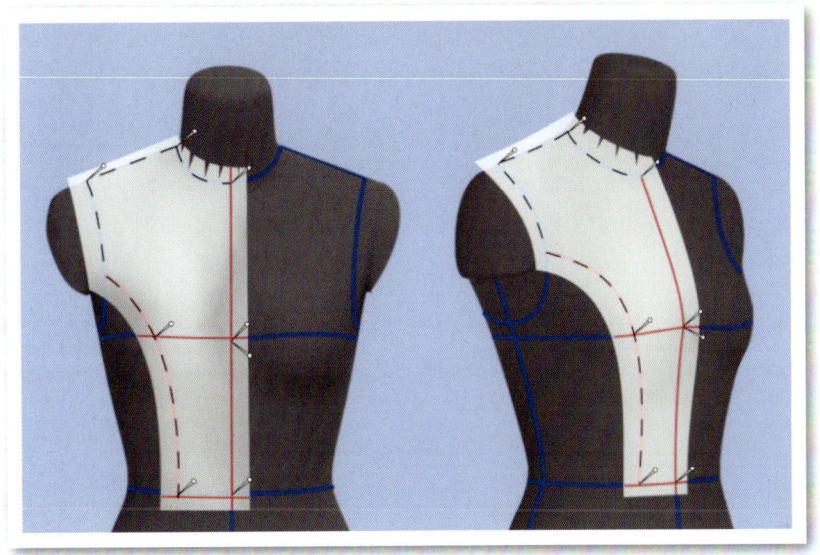

图 8

3.6 固定前侧片坯布（图9）

用单针将前侧片坯布的胸围线和腰围线与前中片坯布的胸围线和腰围线对齐固定；上下抚平坯布，使直丝缕垂直于地面，用单针固定。

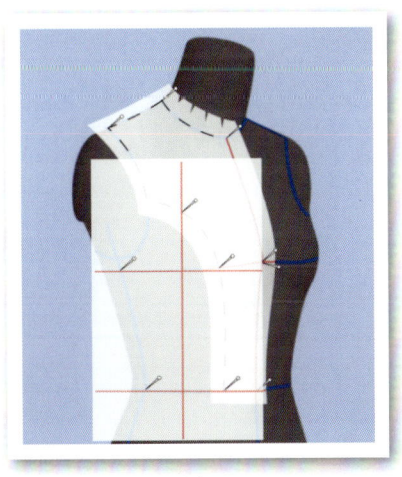

图 9

3.7 前侧片造型（图10）

抚平前侧片中线两旁的坯布，打剪口，做标记；袖窿、侧缝、腰部预留放松量。

3.8 标记前侧片造型线（图11）

检查各部位的平服度和松紧度，确认造型符合要求后，用记号笔以虚线的形式，把袖窿弧线、侧缝、刀背缝描画出来，预留出缝份，将多余的坯布修剪干净。

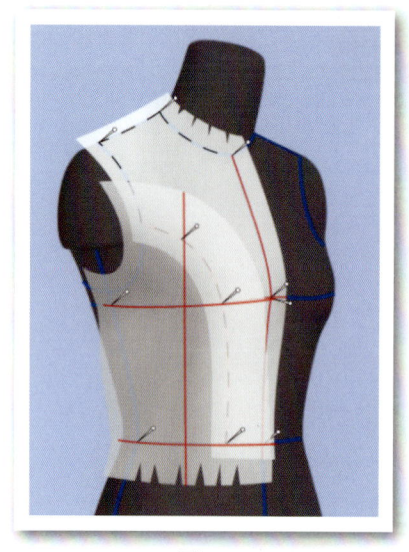
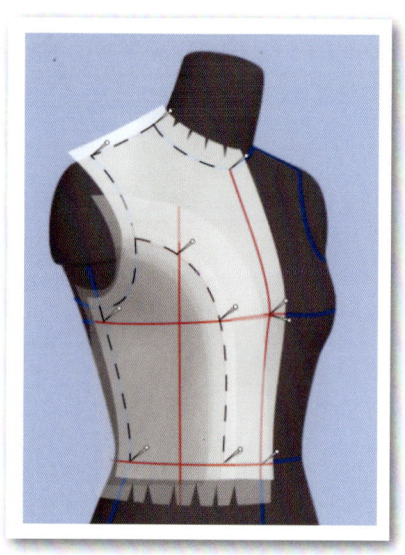

图10　　　　　　　　　图11

3.9 刀背缝造型（图12）

根据人体模型上的标识线，用折合针法完成刀背缝造型。

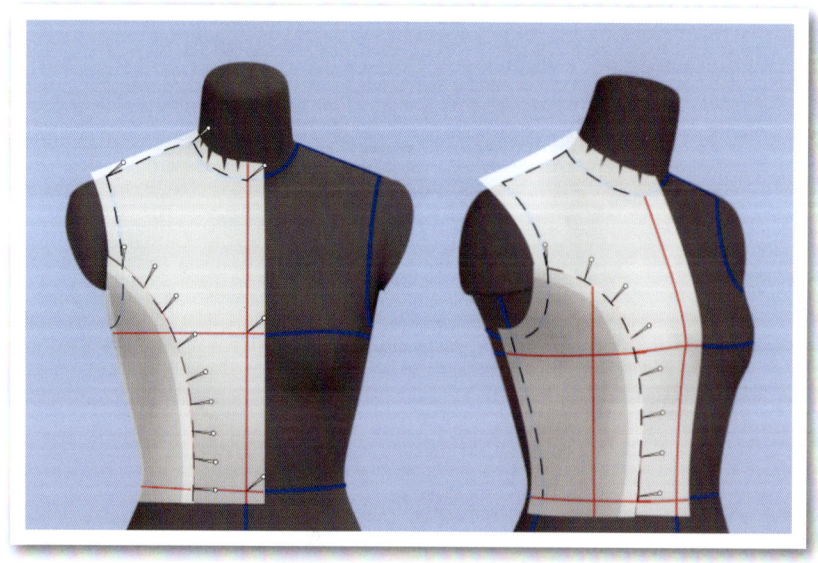

图12

4. 取样拓样

4.1 取样（图13）

取下前衣片，用直尺画好肩线、侧缝线；用曲线板画顺领口弧线、袖窿弧线和刀背缝。

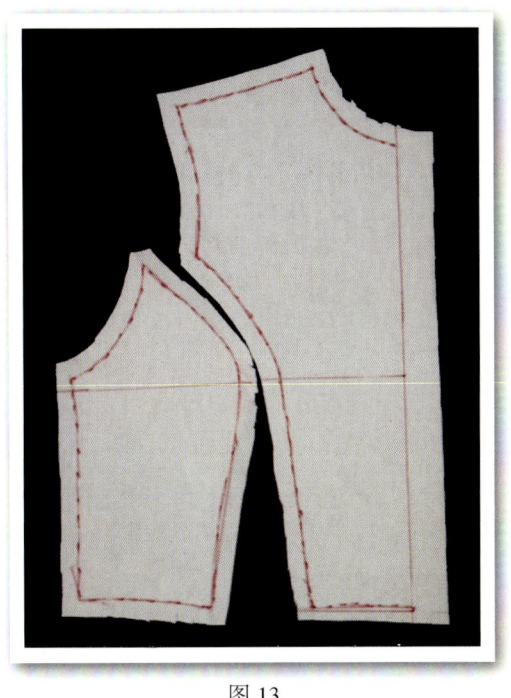

图13

4.2 拓样（图14）

将经过修正的衣片通过假缝套在人台上进行试穿，检查衣片造型是否准确无误。如果有误，说明前面操作不当，必须进行修改。如果没有问题，可将衣片取下来，拓出纸样。

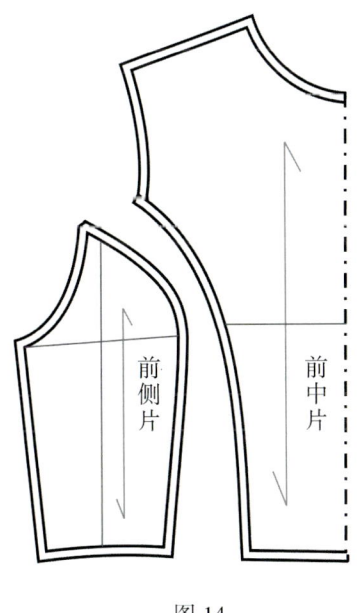

图14

★ 任务要求

（1）准备好立体裁剪工具。

（2）根据款式图分析款式特点。

（3）运用立体裁剪操作手法，根据款式图完成立体裁剪任务。

★ 参考资料

约瑟夫－阿姆斯特朗．服装立体裁剪[M]．刘驰，钟敏维，译．上海：东华大学出版社，2016.

邓鹏举，张志宇，徐曼曼．服装立体裁剪[M].3版．北京：化学工业出版社，2017.

三吉满智子．服装造型学理论篇[M]．郑嵘，张浩，韩洁羽，译．北京：中国纺织出版社，2006.

★ 材料工具清单

款式图、人台、坯布、熨斗、标识带、珠针、针插、打版尺、曲线尺、软尺、记号笔。

★ 质量检测要求

（1）工艺要求： 大头针针尖排列有序，间距均匀，针尖方向一致，针脚小；缝份倒向合理，缝子平整；毛边处理光净整齐，无毛露；布料纱向正确，符合结构和款式风格造型要求；标记点交代清楚。

（2）外观造型要求： 衣身平衡，干净、整洁、无毛露；胸围松量分配适度，胸和肩胛骨立体适度；腰部合体；袖窿平服，空隙量适度；领口平服，止口不外翻，无浮起或紧拉；无不良皱褶。

学习情境三：衣身褶裥变化与应用

★ 课程思政

旨在通过学习，首先培养学生对美的鉴赏力，学会在细节中发现并创造美。其次强化规范操作的安全意识，确保学习过程安全有序。最后引导学生树立正确的职业道德观，将工匠精神融入每一次工作任务中，追求技术精湛与品德高尚的统一。

★ 学习目标

（1）**知识与技能掌握**：掌握褶裥美学价值、功能及前胸碎褶、交叉裥应用；理解省道与褶裥关系，灵活结合优化版型；根据人体与设计需求，灵活设计褶裥，提升服装美感。

（2）**能力培养**：强化空间想象与立体造型力；培养观察力，精准分析褶裥影响，提升调整能力；增强实践操作能力，独立完成褶裥设计与立体裁剪。

（3）**职业素养与态度**：培育工匠精神，注重细节完美；提升审美，追求实用与美观并重；勇于尝试新元素，培养探索精神；强化团队合作精神，协同完成任务。

★ 教学策略

（1）**理论与实践融合**：讲解示范褶裥设计原理，随后实践，加深理解。
（2）**分层教学**：根据学生基础，任务从简至繁，逐步进阶。
（3）**案例分析**：引入实例，小组讨论，分享经验，促进学习。
（4）**强化技能训练与评估**：专项训练巩固技能，考核反馈促提升。
（5）**细节与完美并重**：强调细节精准，培养工匠精神，追求极致效果。
（6）**现代教学技术应用**：利用多媒体与在线资源，增强教学互动与趣味性，拓宽学生视野。

工作任务 1：前胸碎褶立体裁剪
工作任务单

★ **学习场**

衣身部件立体裁剪

★ **学习情境**

衣身褶裥变化与应用

★ **学习性工作任务**

前胸碎褶立体裁剪

★ **典型工作过程**

立体裁剪准备—款式图分析—立体裁剪操作—取样拓样

★ **任务目标**

素养目标： 提高学生审美水平；培养学生对美的鉴赏能力及规范操作的安全意识；引导学生树立正确的职业道德观。

知识目标： 理解前胸碎褶立体裁剪操作流程。

能力目标： 掌握前胸碎褶立体裁剪操作手法与技巧；完成前胸碎褶立体裁剪。

★ **任务流程图**

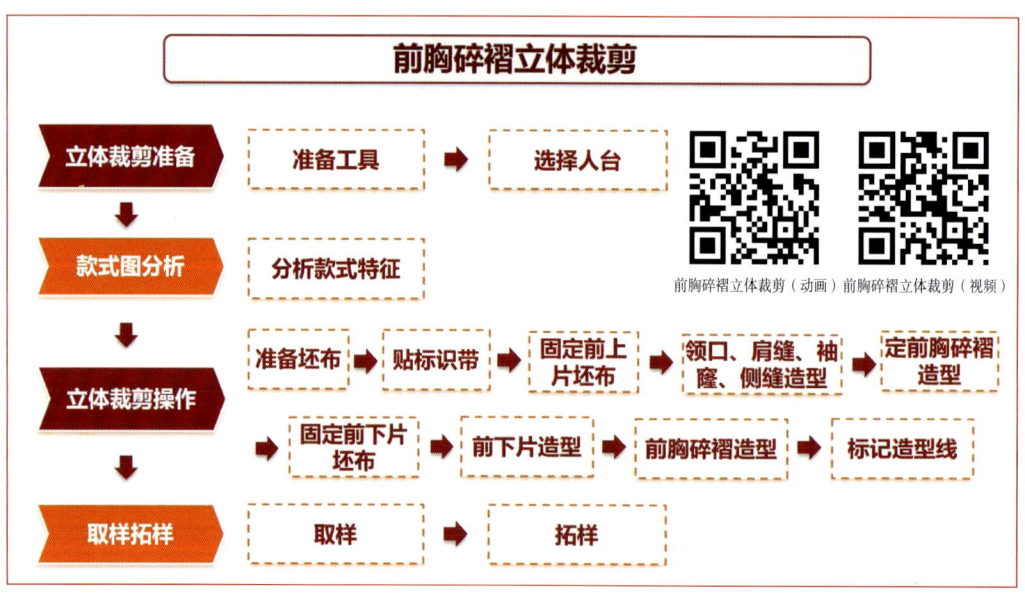

★ **任务描述**

1. **立体裁剪准备**

1.1 准备工具

珠针、针插、打版尺、曲线尺、软尺、记号笔、标识带等。

1.2 选择人台

根据规格尺寸中的胸围、腰围及臀围尺寸选择适合的人台（165/84A）。

2. 款式图分析（图1）

圆领；合体上衣；前片做上下分割，前上片胸部分割位置收碎褶；无袖。

图 1

3. 立体裁剪操作

3.1 准备坯布

（1）根据款式确定坯布量（上：宽×长＝32cm×40cm；下：宽×长＝32cm×25cm）（图2）。

（2）裁剪坯布，整理布纹（图3）。

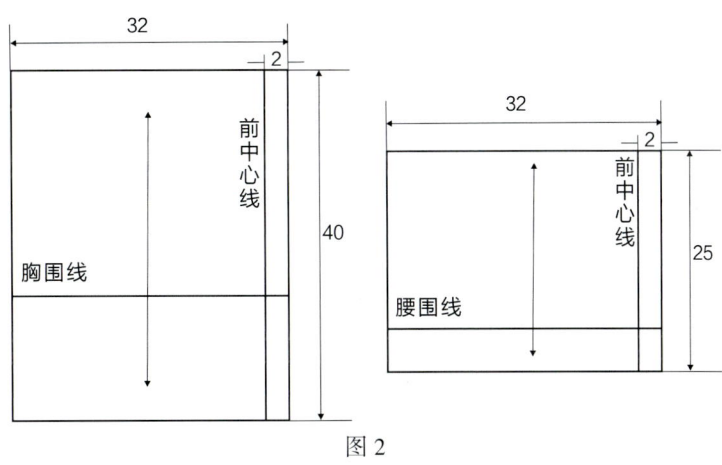

图 2

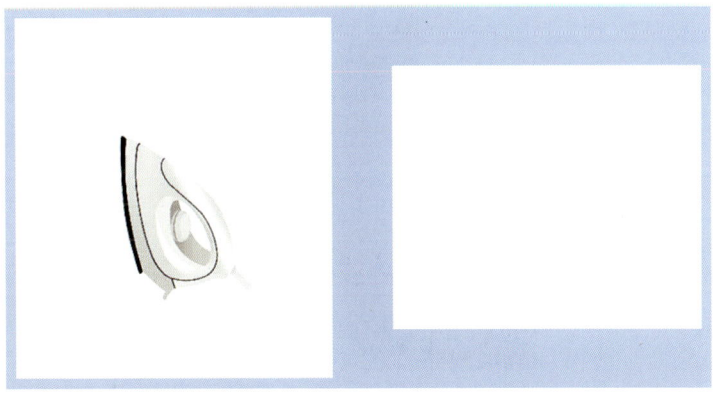

图 3

(3) 标记各裁片的布纹方向（图4）。

图 4

3.2 贴标识带（图5）

根据款式图在人台上贴标识带。

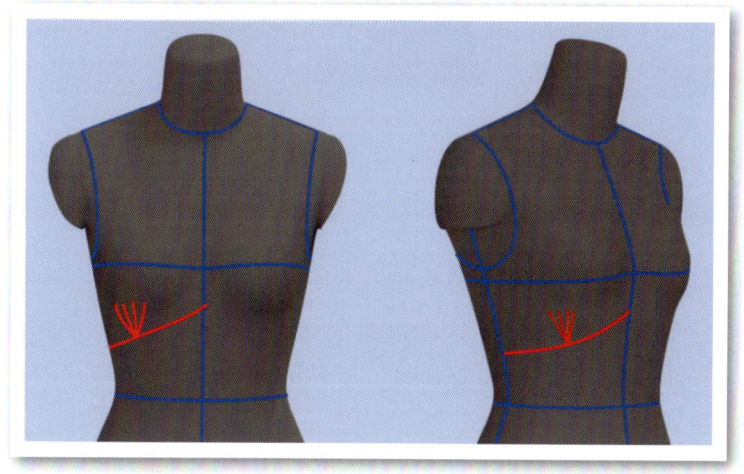

图 5

3.3 固定前上片坯布（图6）

将前上片坯布的前中心线、胸围线与人台的前中心线、胸围线重叠。在前中心线上，用交叉固定针法固定前中心线与胸围线的交点，用单针固定领口和腰节。

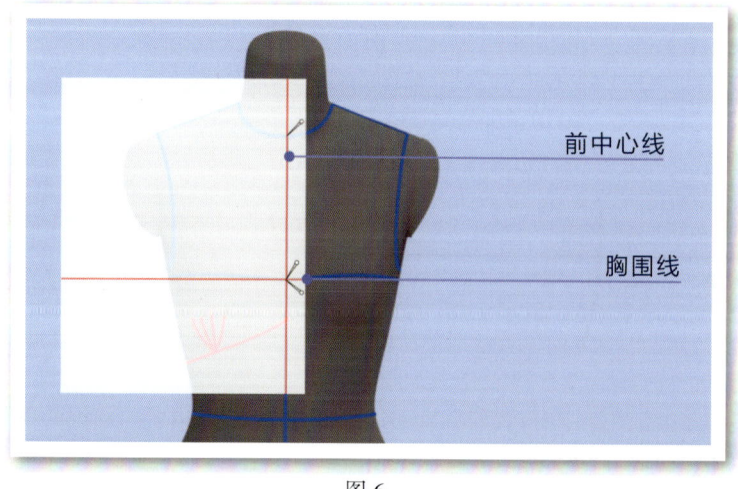

图 6

3.4 领口、肩缝、袖窿、侧缝造型（图7）

沿前领圈标识线打剪口，将胸以上的量抚平，经肩缝、袖窿、侧缝，转移到胸下碎褶位置；修剪领口、肩缝、袖窿、侧缝处多余的坯布。

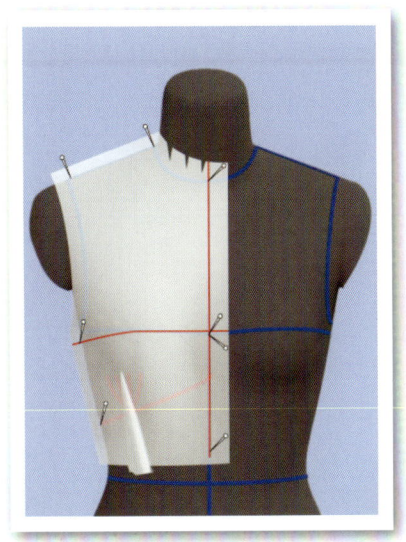

图7

3.5 定前胸碎褶造型（图8）

根据款式图调整前胸碎褶造型，用记号笔以虚线的形式，标记前胸碎褶位置，预留出缝份，将多余的坯布修剪干净。

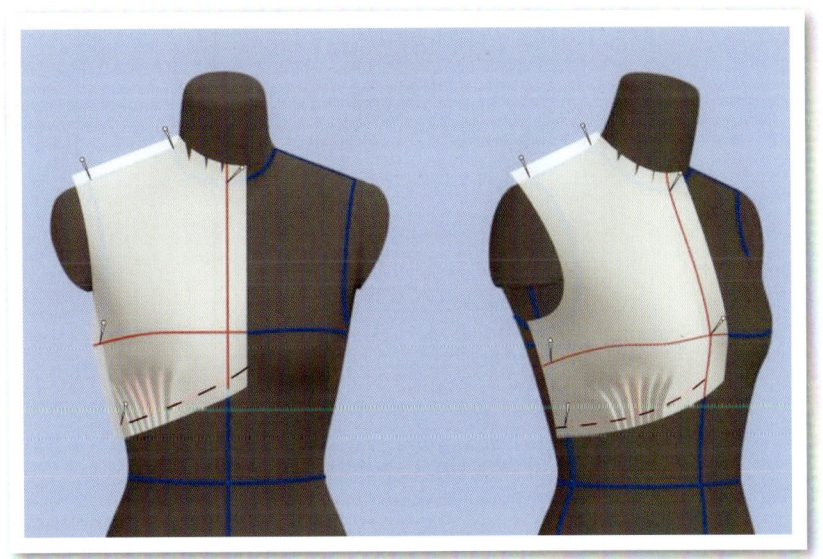

图8

3.6 固定前下片坯布（图9）

用单针将前下片坯布的前中心线和腰围线与人台的前中心线和腰围线重叠固定；上下抚平坯布，使直丝缕垂直于地面，在前中心线上、下两处，分别用单针固定。

3.7 前下片造型（图10）

沿腰缝打剪口，抚平腰部，将多余量转移至侧缝，用记号笔以虚线的形式，标记前下片造型，预留出缝份，将多余的坯布修剪干净。

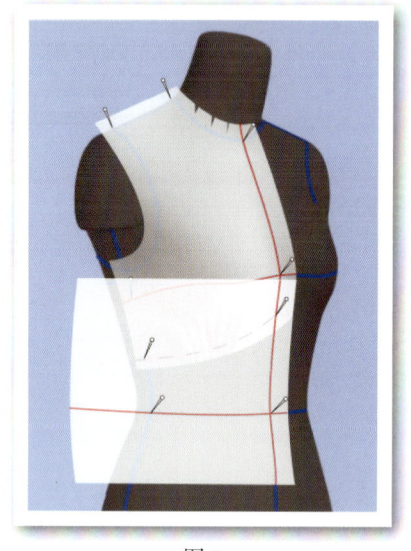
图9

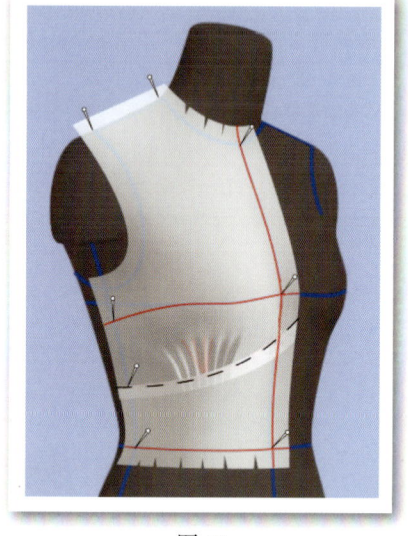
图10

3.8 前胸碎褶造型（图11）

根据人体模型上的标识线，用折合针法完成前胸碎褶造型。

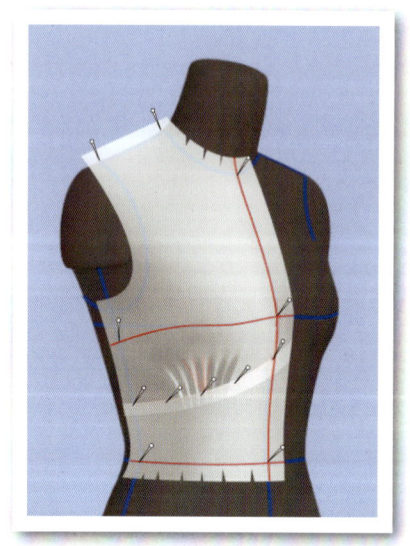
图11

3.9 标记造型线（图12）

检查各部位的平服度和松紧度，确认造型符合要求后，用记号笔以虚线的形式，把领口弧线、肩线、袖窿弧线、侧缝线、前胸碎褶位置等描画出来，预留出缝份，将多余的坯布修剪干净。

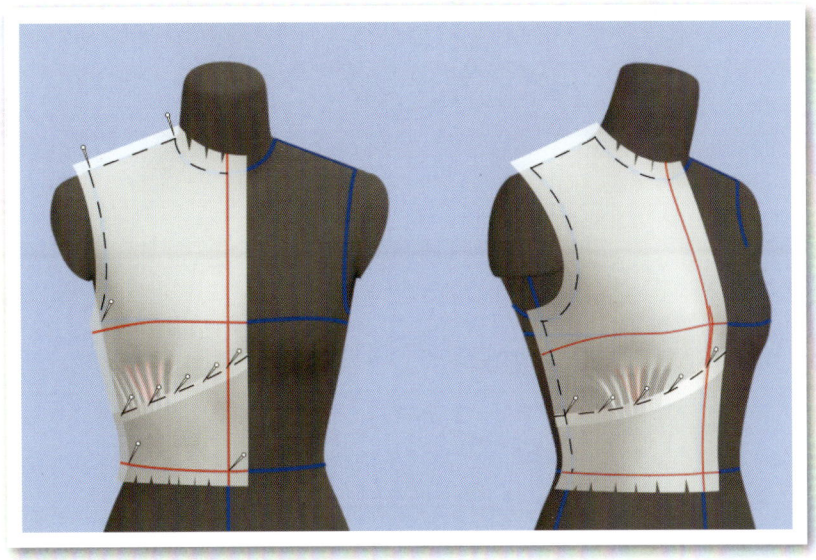

图 12

4. 取样拓样

4.1 取样（图 13）

取下前衣片，用直尺画好肩线、侧缝线；用曲线板画顺领口弧线、袖窿弧线和分割弧线。

图 13

4.2 拓样（图 14）

将经过修正的衣片通过假缝套在人台上进行试穿，检查衣片造型是否准确无误。如果有误，说明前面操作不当，必须进行修改。如果没有问题，可将衣片取下来，拓出纸样。

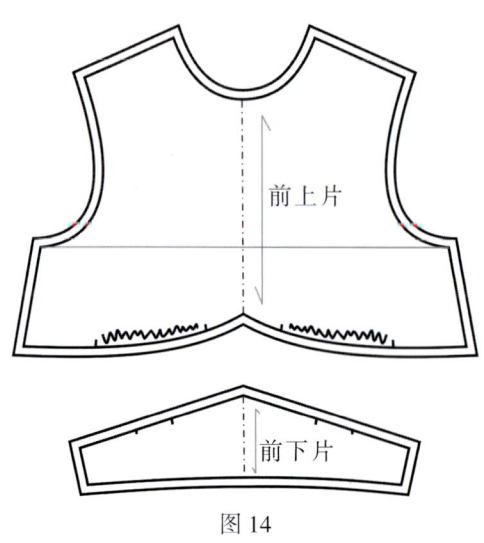

图 14

★ 任务要求

（1）准备好立体裁剪工具。

（2）根据款式图分析款式特点。

（3）运用立体裁剪操作手法，根据款式图完成立体裁剪任务。

★ 参考资料

约瑟夫-阿姆斯特朗．服装立体裁剪［M］．刘驰，钟敏维，译．上海：东华大学出版社，2016．

邓鹏举，张志宇，徐曼曼．服装立体裁剪［M］.3 版．北京：化学工业出版社，2017．

三吉满智子．服装造型学理论篇［M］．郑嵘，张浩，韩洁羽，译．北京：中国纺织出版社，2006．

★ 材料工具清单

款式图、人台、坯布、熨斗、标识带、珠针、针插、打版尺、曲线尺、软尺、记号笔。

★ 质量检测要求

（1）**工艺要求**：大头针针尖排列有序，间距均匀，针尖方向一致，针脚小；缝份倒向合理，缝子平整；毛边处理光净整齐，无毛露；布料纱向正确，符合结构和款式风格造型要求；标记点交代清楚。

（2）**外观造型要求**：衣身平衡，干净、整洁、无毛露；胸围松量分配适度，胸和肩胛骨立体适度；腰部合体；袖窿平服，空隙量适度；领口平服，止口不外翻，无浮起或紧拉；无不良皱褶。

工作任务 2：前胸交叉裥立体裁剪
工作任务单

★ **学习场**

衣身部件立体裁剪

★ **学习情境**

衣身褶裥变化与应用

★ **学习性工作任务**

前胸交叉裥立体裁剪

★ **典型工作过程**

立体裁剪准备—款式图分析—立体裁剪操作—取样拓样

★ **任务目标**

素养目标：提高学生审美水平；培养学生对美的鉴赏能力及规范操作的安全意识；引导学生树立正确的职业道德观。

知识目标：理解前胸交叉裥立体裁剪操作流程。

能力目标：掌握前胸交叉裥立体裁剪操作手法与技巧；完成前胸交叉裥立体裁剪。

★ **任务流程图**

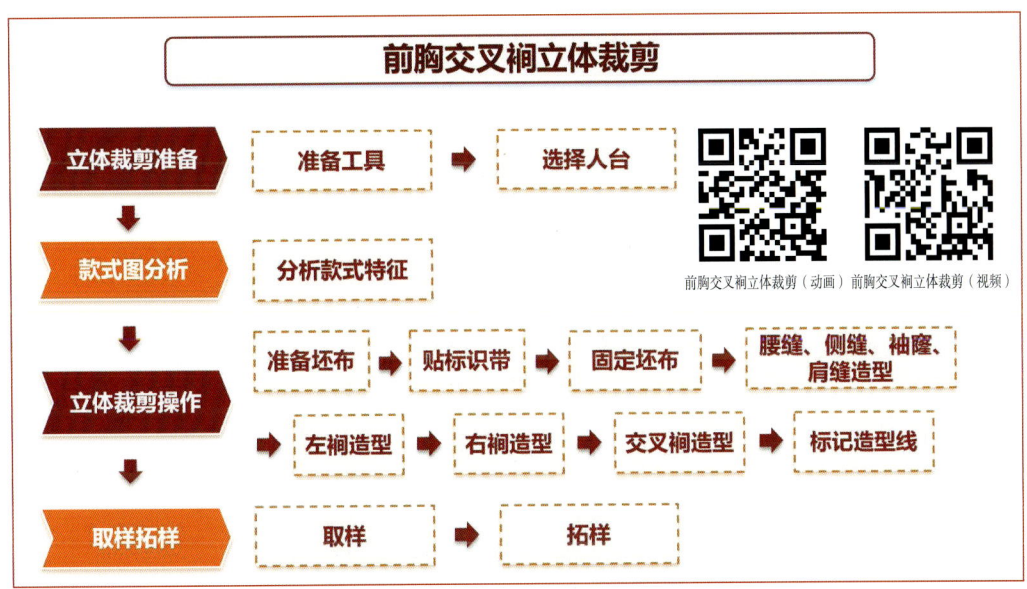

★ **任务描述**

1. **立体裁剪准备**

1.1 准备工具

珠针、针插、打版尺、曲线尺、软尺、记号笔、标识带等。

1.2 选择人台

根据规格尺寸中的胸围、腰围及臀围尺寸选择适合的人台（165/84A）。

2. 款式图分析（图 1）

倒 T 型领；合体上衣；前片领口处做交叉裥；无袖。

图 1

3. 立体裁剪操作

3.1 准备坯布

（1）根据款式确定坯布量（宽 × 长 = 60cm×55cm）（图 2）。

（2）裁剪坯布，整理布纹（图 3）。

（3）标记各裁片的布纹方向（图 4）。

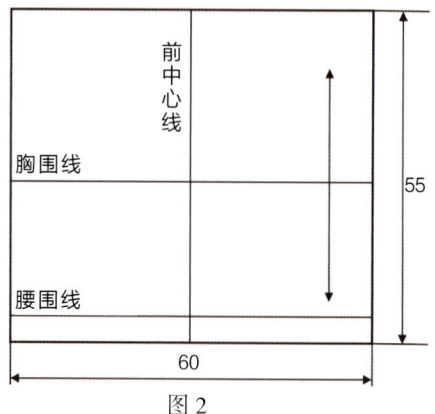

图 2

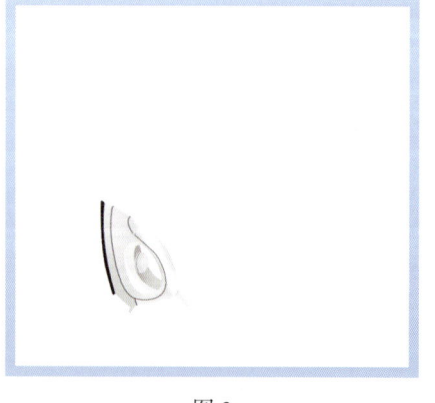

图 3

图 4

3.2 贴标识带（图5）

根据款式图在人台上贴标识带。

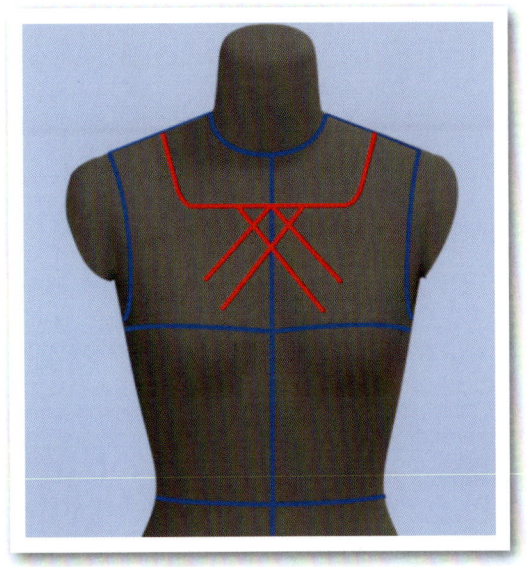

图5

3.3 固定坯布（图6）

将坯布的前中心线、胸围线和腰围线与人台的前中心线、胸围线和腰围线重叠。在前中心线上，用交叉固定针法固定前中心线与胸围线的交点，用单针固定针法分别固定领口和腰节。

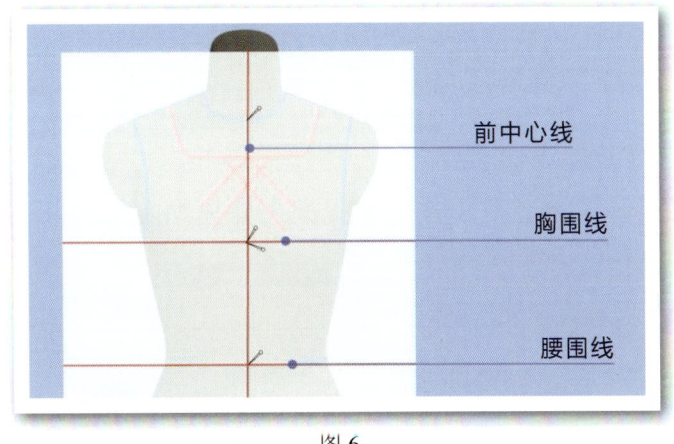

图6

3.4 腰缝、侧缝、袖窿、肩缝造型（图7）

沿腰线打剪口，将腰部的量抚平，经左右侧缝、袖窿、肩缝，转移到领口处固定；修剪左右侧缝、袖窿、肩缝处多余的坯布。

3.5 左裥造型（图8、图9）

根据款式图调整左裥的造型，并用虚线把人体模型上的标识线标记在坯布上，调整裥的造型，沿虚线剪开，掀开左裥，用针固定。

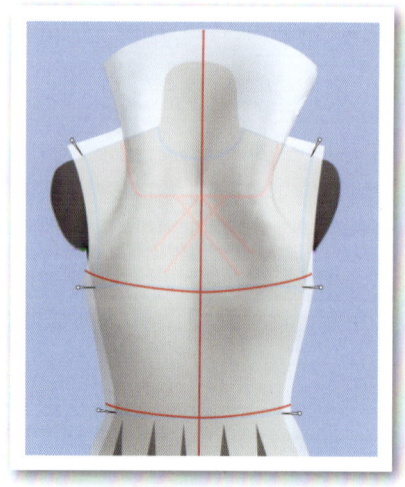

图 7

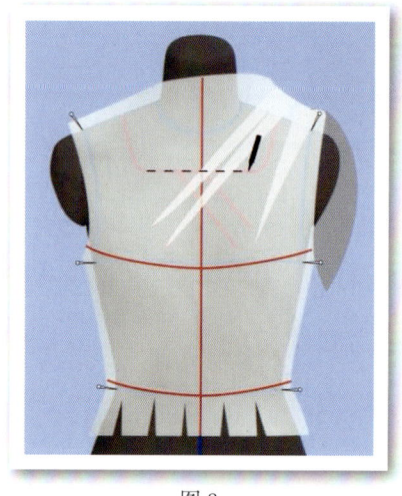

图 8

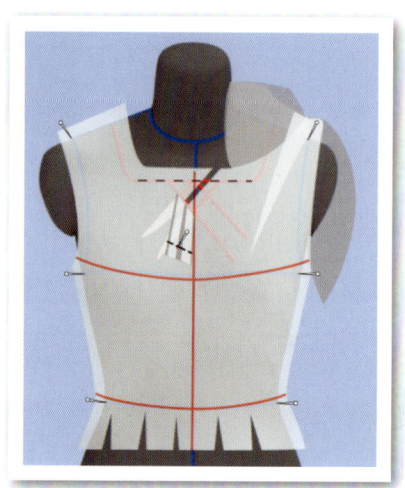

图 9

3.6 右裥造型（图10、图11）

根据款式图调整右裥的造型，并用虚线把人体模型上的标识线标记在坯布上，调整裥的造型，用针固定。

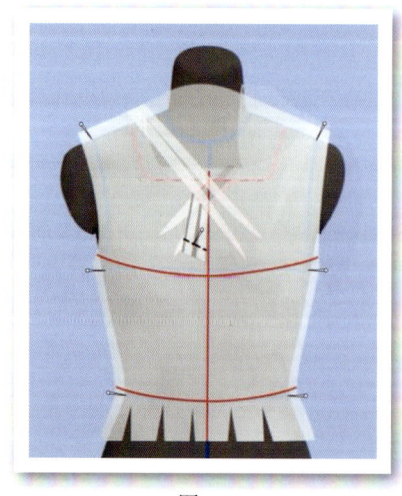

图 10

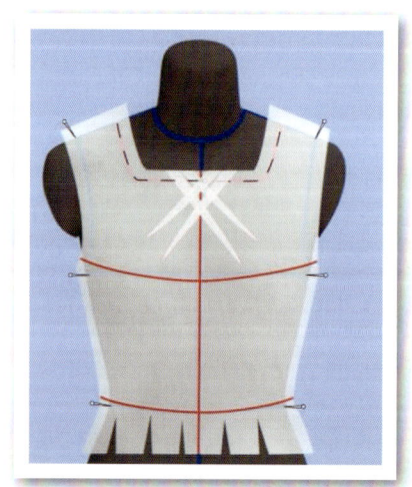

图 11

3.7 交叉裥造型（图12）

根据人体模型上的标识线，用折合针法完成交叉裥造型。

3.8 标记造型线（图13）

检查各部位的平服度和松紧度，确认造型符合要求后，用记号笔以虚线的形式，把领口弧线、肩线、袖窿弧线、侧缝线、交叉裥等描画出来，预留出缝份，将多余的坯布修剪干净。

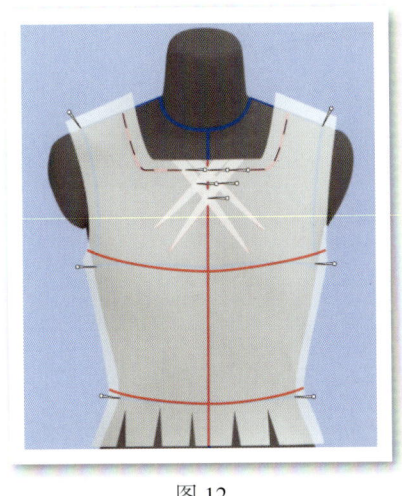

图12　　　　　　　　图13

4. 取样拓样

4.1 取样（图14）

取下前衣片，用直尺画好肩线、侧缝线、交叉裥位置；用曲线板画顺领口弧线和袖窿弧线。

图14

4.2 拓样（图15）

将经过修正的衣片通过假缝套在人台上进行试穿，检查衣片造型是否准确无误。如果有误，说明前面操作不当，必须进行修改。如果没有问题，可将衣片取下来，拓出纸样。

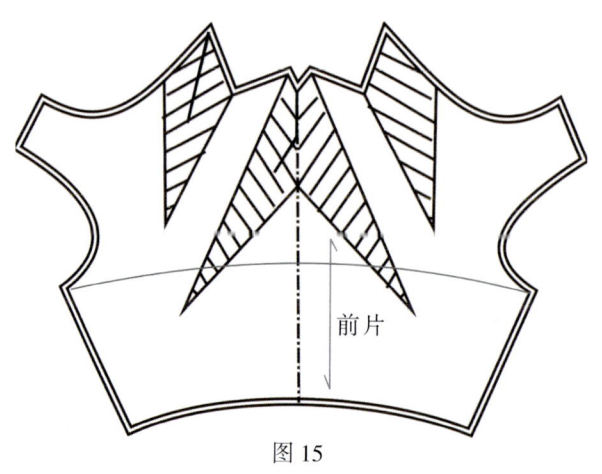

图 15

★ 任务要求

（1）准备好立体裁剪工具。

（2）根据款式图分析款式特点。

（3）运用立体裁剪操作手法，根据款式图完成立体裁剪任务。

★ 参考资料

约瑟夫-阿姆斯特朗．服装立体裁剪[M]．刘驰，钟敏维，译．上海：东华大学出版社，2016．

邓鹏举，张志宇，徐曼曼．服装立体裁剪[M]．3版．北京：化学工业出版社，2017．

三吉满智子．服装造型学理论篇[M]．郑嵘，张浩，韩洁羽，译．北京：中国纺织出版社，2006．

★ 材料工具清单

款式图、人台、坯布、熨斗、标识带、珠针、针插、打版尺、曲线尺、软尺、记号笔。

★ 质量检测要求

（1）**工艺要求**：大头针针尖排列有序，间距均匀，针尖方向一致，针脚小；缝份倒向合理，缝子平整；毛边处理光净整齐，无毛露；布料纱向正确，符合结构和款式风格造型要求；标记点交代清楚。

（2）**外观造型要求**：衣身平衡，干净、整洁、无毛露；胸围松量分配适度，胸和肩胛骨立体适度；腰部合体；袖窿平服，空隙量适度；领口平服，止口不外翻，无浮起或紧拉；无不良皱褶。

学习情境四：领立体裁剪

★ 课程思政

旨在通过学习，首先潜移默化地提升学生实用与美观并重的设计理念。其次强调细节决定成败，培养学生注重细节、精益求精的态度。最后通过团队合作完成任务，增强学生的沟通协调能力与团队精神。

★ 学习目标

（1）**知识与技能掌握**：掌握立领、翻领、立翻领和平驳头西装领的概念、特点及应用；精通领型立体裁剪步骤，确保领子精准流畅；根据人体与设计需求，灵活调整领型以适应人体与设计需求。

（2）**能力培养**：强化空间想象与立体造型力；培养观察力，精准调整，提升调整能力；增强实践操作能力，独立完成领型设计与立体裁剪。

（3）**职业素养与态度**：培育工匠精神，注重细节完美；提升审美，追求实用与美观并重；勇于尝试新元素，培养探索精神；强化团队合作精神，协同完成任务。

★ 教学策略

（1）**理论与实践融合**：讲解示范领型设计原理，随后实践，加深理解。

（2）**分层教学**：根据学生基础，任务从简至繁，逐步进阶。

（3）**案例分析**：引入实例，小组讨论，分享经验，促进学习。

（4）**强化技能训练与评估**：专项训练巩固技能，考核反馈促提升。

（5）**细节与完美并重**：强调细节精准，培养工匠精神，追求极致效果。

（6）**现代教学技术应用**：利用多媒体与在线资源，增强教学互动与趣味性，拓宽学生视野。

工作任务 1：立领立体裁剪
工作任务单

★ 学习场
衣身部件立体裁剪

★ 学习情境
领立体裁剪

★ 学习性工作任务
立领立体裁剪

★ 典型工作过程
立体裁剪准备—款式图分析—立体裁剪操作—取样拓样

★ 任务目标
素养目标： 提高学生实用与美观并重的意识；增强学生注重细节的意识；培养学生的团队合作精神。 **知识目标：** 理解立领立体裁剪操作流程。 **能力目标：** 掌握立领立体裁剪操作手法与技巧；完成立领立体裁剪。

★ 任务流程图

立领立体裁剪（动画）　立领立体裁剪（视频）

★ 任务描述

1. 立体裁剪准备

1.1 准备工具

珠针、针插、打版尺、曲线尺、软尺、记号笔、标识带等。

1.2 选择人台

根据规格尺寸中的胸围、腰围及臀围尺寸选择适合的人台（165/84A）。

2. 款式图分析（图1）

立领是指只有底领，没有翻领，呈直立状态，围绕颈部一周的领型。

领型内凹，圆口；贴身；内倾式。

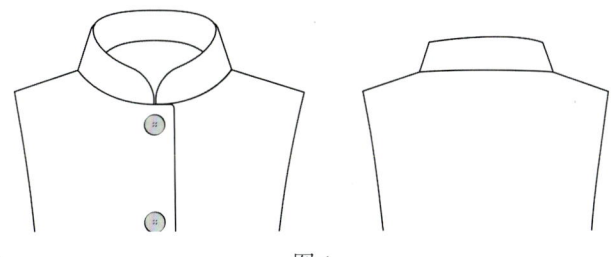

图1

3. 立体裁剪操作

3.1 准备坯布

（1）根据款式确定坯布量（长×宽＝25cm×12cm）（图2）。

（2）裁剪坯布，整理布纹（图3）。

（3）标记各裁片的布纹方向（图4）。

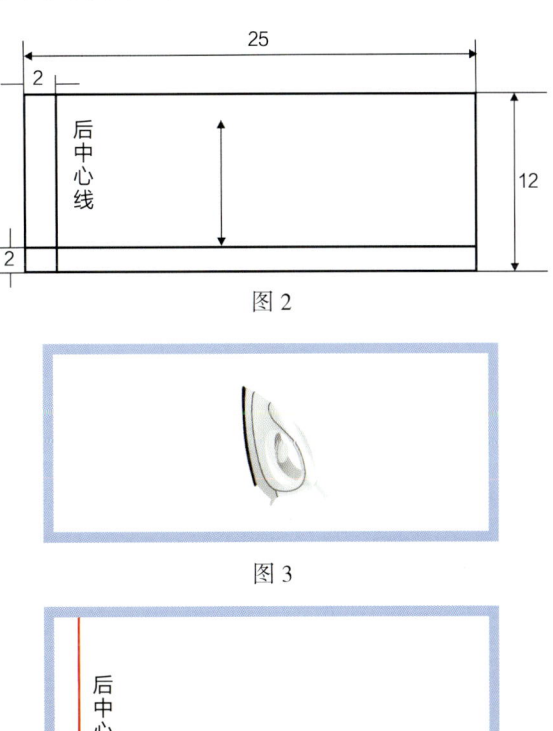

图2

图3

图4

3.2 贴标识带（图5）

根据款式图在人台上贴标识带。

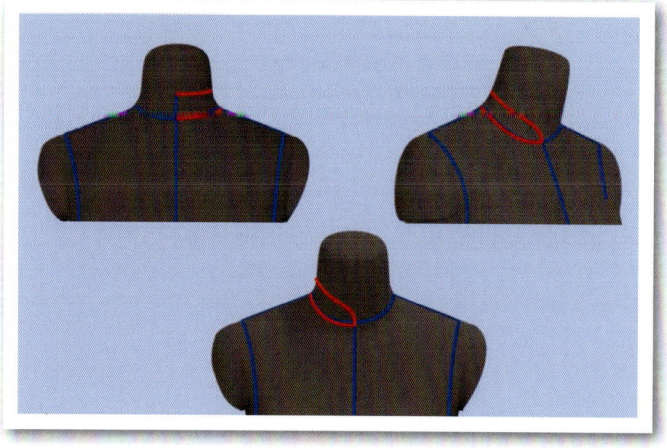

图5

3.3 固定坯布（图6）

将坯布的后中心线与人台的后中心线重叠，用单针固定。

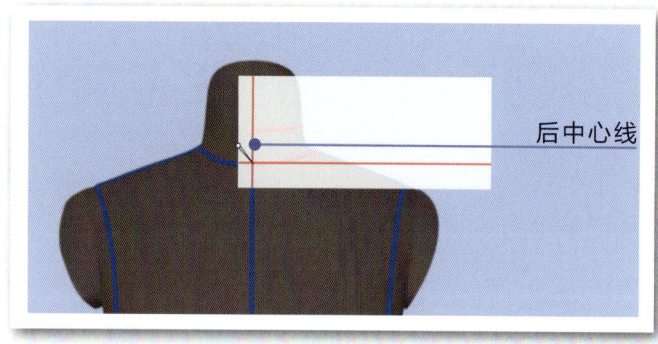

图6

3.4 做领下口造型

（1）沿领圈打剪口至颈肩点，抚平布料，使坯布横向布纹线与后领圈线重叠，用单针固定（图7）。

（2）颈肩预留0.3cm松量，从颈肩点沿领圈打剪口至前中颈窝点，抚平布料，用单针固定（图8）。

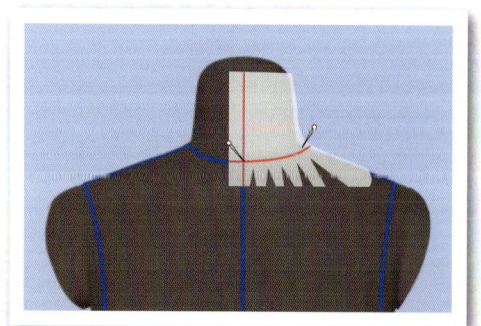

图7

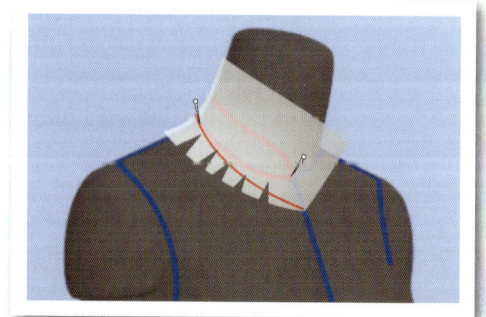

图8

3.5 修剪领上口造型（图9）

根据立领上口的造型线修剪多余的坯布，并检查领上口与脖颈之间的空隙量是否合适。如果不适合，可通过修正领下口造型来调整。

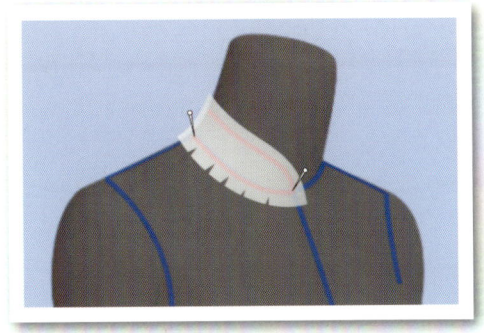

图9

3.6 标记造型线（图10）

调整立领坯样，检查立领与脖颈间的空隙是否合适，上口及下口造型是否合适后，用记号笔标记立领造型线，沿造型线预留缝份，修剪掉多余坯布。

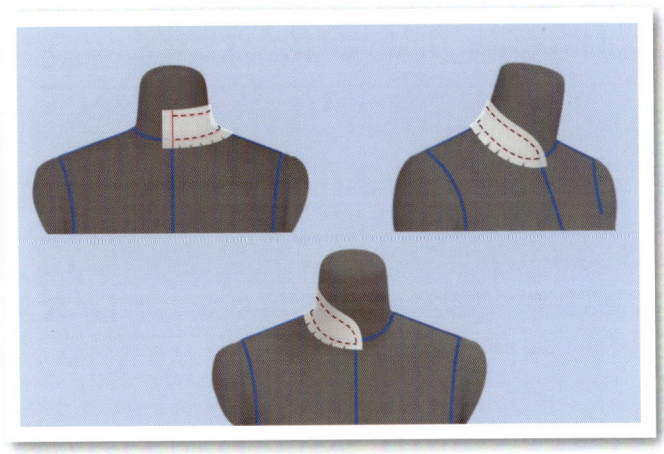

图10

4. 取样拓样

4.1 取样（图11）

从人台上移除领片，用直尺和曲线尺把领上口线、领下口线画顺，并修正领造型。

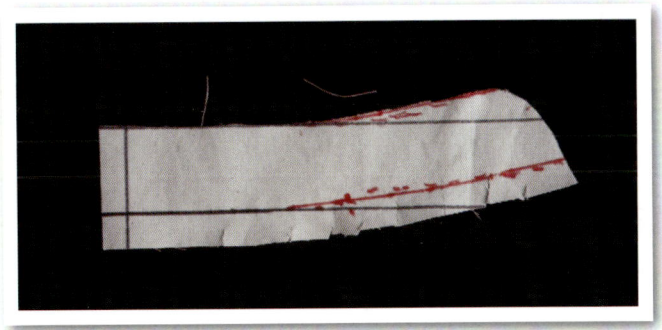

图11

4.2 拓样（图12）

将经过修正的立领用针假缝好，套在人台上进行试穿。如果有问题，必须再次修改。如果没问题，可将立领取下拆开，用烫斗整烫平整，将透明硫酸纸覆盖于领片上，拓出立领纸样。

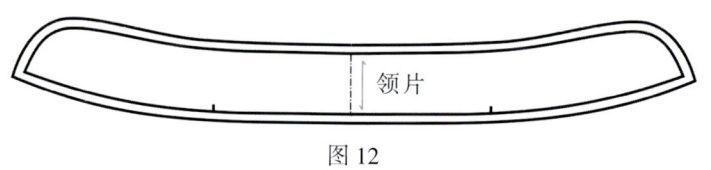

图12

★ **任务要求**

（1）准备好立体裁剪工具。

（2）根据款式图分析款式特点。

（3）运用立体裁剪操作手法，根据款式图完成立体裁剪任务。

★ **参考资料**

约瑟夫-阿姆斯特朗．服装立体裁剪［M］．刘驰，钟敏维，译．上海：东华大学出版社，2016．

邓鹏举，张志宇，徐曼曼．服装立体裁剪［M］.3版．北京：化学工业出版社，2017．

三吉满智子．服装造型学理论篇［M］．郑嵘，张浩，韩洁羽，译．北京：中国纺织出版社，2006．

★ **材料工具清单**

款式图、人台、坯布、熨斗、标识带、珠针、针插、打版尺、曲线尺、软尺、记号笔。

★ **质量检测要求**

（1）**工艺要求**：大头针针尖排列有序，间距均匀，针尖方向一致，针脚小；缝份倒向合理，缝子平整；毛边处理光净整齐，无毛露；布料纱向正确，符合结构和款式风格造型要求；标记点交代清楚。

（2）**外观造型要求**：领平服贴合，止口不外翻，与脖颈间的空隙合适；领面无浮起或紧拉，无不良皱褶；领子整体造型流畅自然，平整美观。

工作任务2：翻领立体裁剪

工作任务单

★ **学习场**

衣身部件立体裁剪

★ **学习情境**

领立体裁剪

★ **学习性工作任务**

翻领立体裁剪

★ **典型工作过程**

立体裁剪准备—款式图分析—立体裁剪操作—取样拓样

★ **任务目标**

素养目标： 提高学生实用与美观并重的意识；增强学生注重细节的意识；培养学生的团队合作精神。

知识目标： 理解翻领立体裁剪操作流程。

能力目标： 掌握翻领立体裁剪操作手法与技巧；完成翻领立体裁剪。

★ **任务流程图**

★ **任务描述**

1. **立体裁剪准备**

1.1 准备工具

珠针、针插、打版尺、曲线尺、软尺、记号笔、标识带等。

1.2 选择人台

根据规格尺寸中的胸围、腰围及臀围尺寸选择适合的人台（165/84A）。

2. 款式图分析（图1）

翻领是指翻在底领外面的领面造型。

外倾式领型；领子尾端尖角。

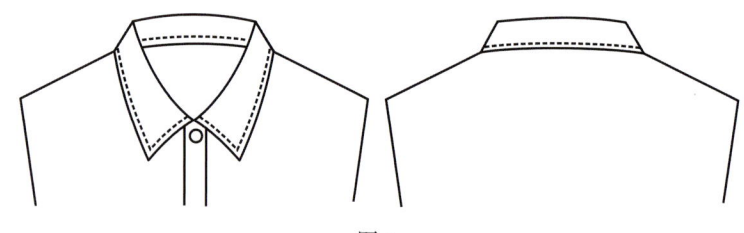

图1

3. 立体裁剪操作

3.1 准备坯布

（1）根据款式确定坯布量（长 × 宽 = 30cm×20cm）（图2）。

（2）裁剪坯布，整理布纹（图3）。

（3）标记各裁片的布纹方向（图4）。

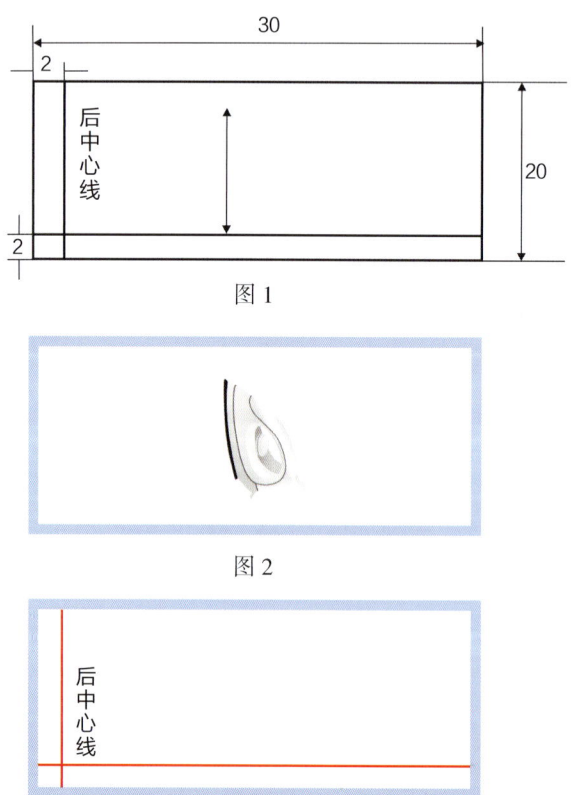

图1

图2

图3

3.2 贴标识带（图5）

根据款式图在人台上贴标识带。

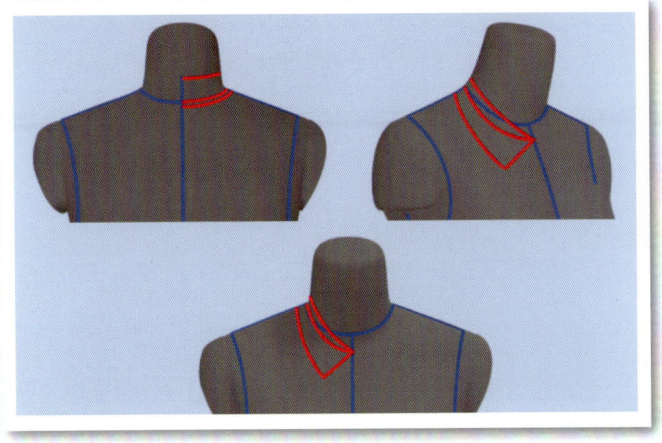

图5

3.3 固定坯布（图6）

将坯布的后中心线与人台的后中心线重叠，用单针固定。

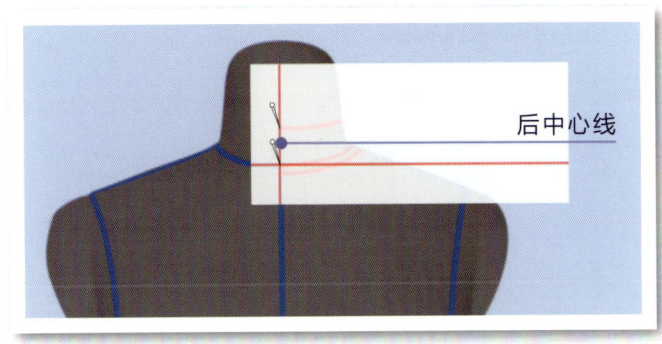

图6

3.4 做领下口造型

（1）坯布顺着领圈造型线从后向前推送，边打剪口边用针固定；经过颈肩点时，注意用手指控制翻领与脖颈间的空隙（图7）。

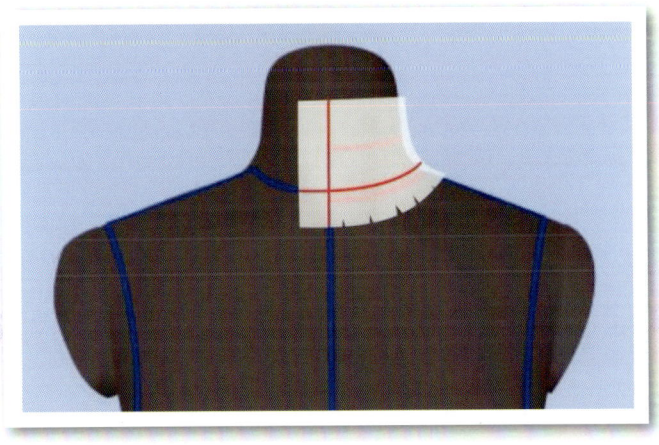

图7

（2）颈肩预留0.3cm松量，调整并修剪领底弧线：调整领下口弧线造型，预留缝份，剪去领下口多余的坯布（图8）。

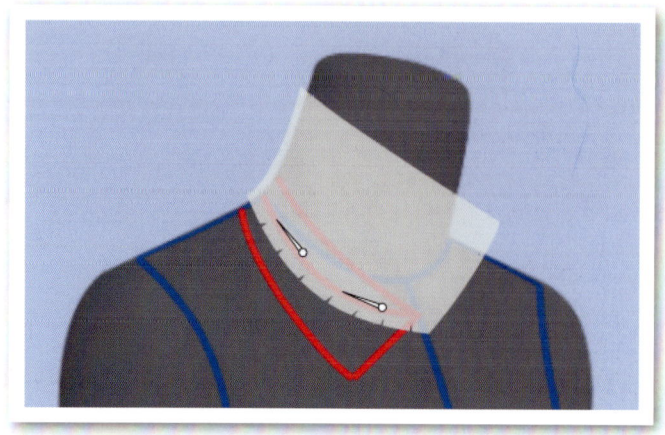

图8

3.5 做翻领造型（图9、图10）

翻折后领坯布，翻折线经过颈肩点至前中；沿着翻领标识线打剪口，确保领外口平服直至前中；修剪领外口和领尖造型。

图9

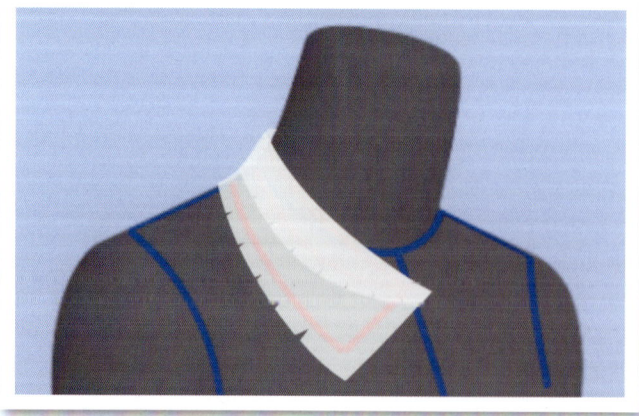

图10

3.6 标记造型线（图11）

调整翻领坯样，检查领翻折处与脖颈间的空隙是否合适。检查合格后，用记号笔分别标记翻领的造型。

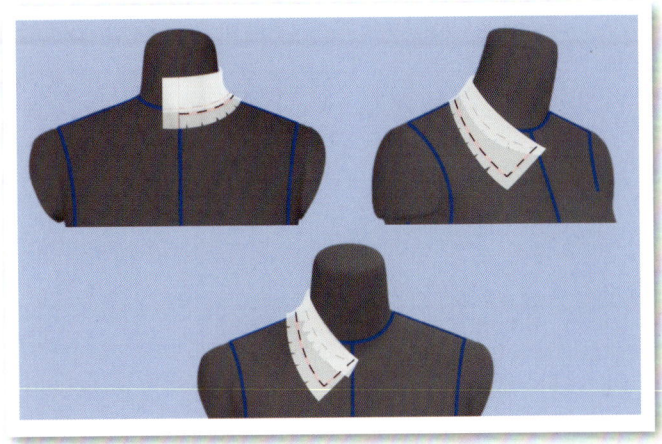

图11

4. 取样拓样

4.1 取样（图12）

从人台上移除领片，用直尺和曲线尺把领上口线、领下口线画顺，并修正领造型。

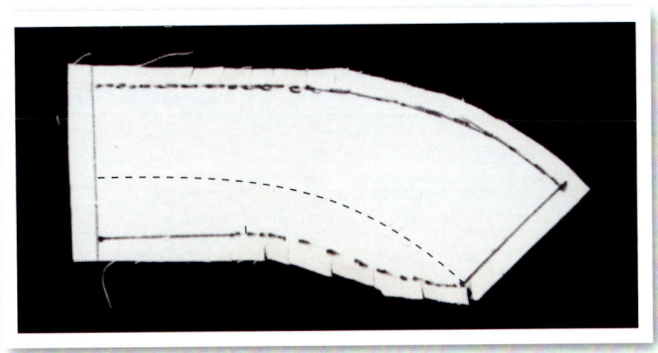

图12

4.2 拓样（图13）

将修正后的翻领用针假缝好，套在人台上进行试穿。如果有问题，必须再次修改，直至没问题。将翻领取下拆开，用烫斗整烫平整，将透明硫酸纸覆盖于领片上，拓出翻领纸样。

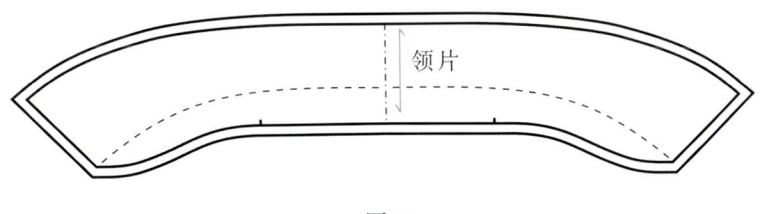

图13

★ 任务要求

（1）准备好立体裁剪工具。

（2）根据款式图分析款式特点。

（3）运用立体裁剪操作手法，根据款式图完成立体裁剪任务。

★ 参考资料

约瑟夫-阿姆斯特朗. 服装立体裁剪[M]. 刘驰，钟敏维，译. 上海：东华大学出版社，2016.

邓鹏举，张志宇，徐曼曼. 服装立体裁剪[M]. 3版. 北京：化学工业出版社，2017.

三吉满智子. 服装造型学理论篇[M]. 郑嵘，张浩，韩洁羽，译. 北京：中国纺织出版社，2006.

★ 材料工具清单

款式图、人台、坯布、熨斗、标识带、珠针、针插、打版尺、曲线尺、软尺、记号笔。

★ 质量检测要求

（1）**工艺要求**：大头针针尖排列有序，间距均匀，针尖方向一致，针脚小；缝份倒向合理，缝子平整；毛边处理光净整齐，无毛露；布料纱向正确，符合结构和款式风格造型要求；标记点交代清楚。

（2）**外观造型要求**：领平服贴合，止口不外翻，与脖颈间的空隙合适；领面无浮起或紧拉，无不良皱褶；领子整体造型流畅自然，平整美观。

工作任务 3：立翻领立体裁剪
工作任务单

★学习场

　　衣身部件立体裁剪

★学习情境

　　领立体裁剪

★学习性工作任务

　　立翻领立体裁剪

★典型工作过程

　　立体裁剪准备—款式图分析—立体裁剪操作—取样拓样

★任务目标

　　素养目标： 提高学生实用与美观并重的意识；增强学生注重细节的意识；培养学生的团队合作精神。

　　知识目标： 理解立翻领立体裁剪操作流程。

　　能力目标： 掌握立翻领立体裁剪操作手法与技巧；完成立翻领立体裁剪。

★任务流程图

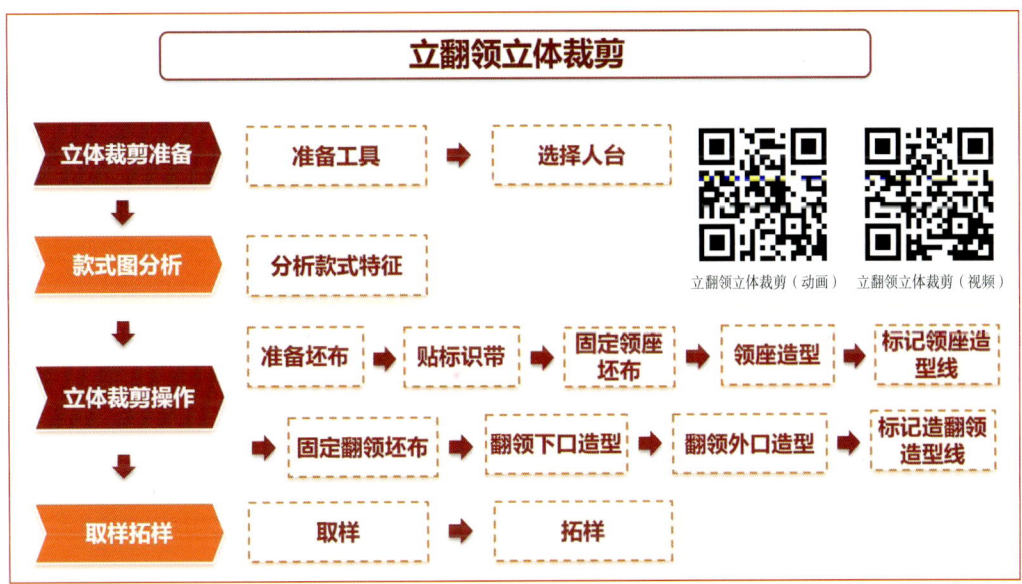

★任务描述

1. **立体裁剪准备**

1.1 准备工具

珠针、针插、打版尺、曲线尺、软尺、记号笔、标识带等。

1.2 选择人台

根据规格尺寸中的胸围、腰围及臀围尺寸选择适合的人台（165/84A）。

2. 款式图分析（图1）

立翻领是指由上领和下领组成，围绕颈部一周的领型，是衬衫专有的领型。

贴颈合体；内倾式领座。

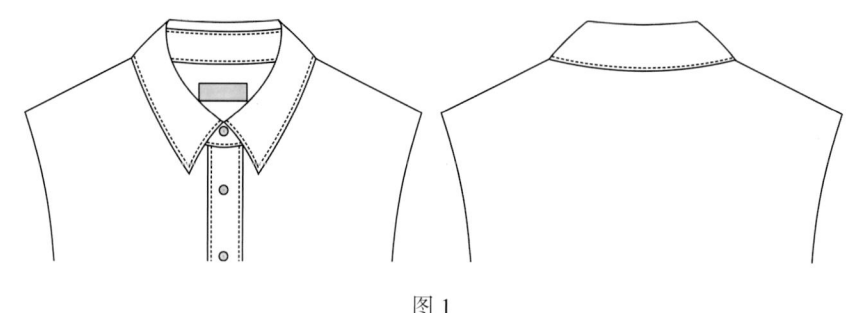

图1

3. 立体裁剪操作

3.1 准备坯布

（1）根据款式确定坯布量（图2）。

翻领：长 × 宽 = 30cm×20cm，

领座：长 × 宽 = 25cm×12cm。

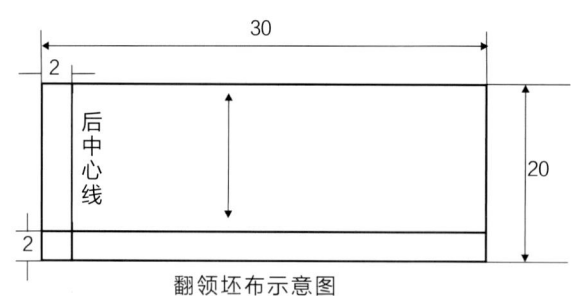

翻领坯布示意图

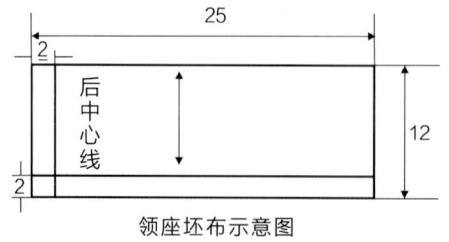

领座坯布示意图

图2

（2）裁剪坯布，整理布纹（图3）。

（3）标记各裁片的布纹方向（图4）。

图3

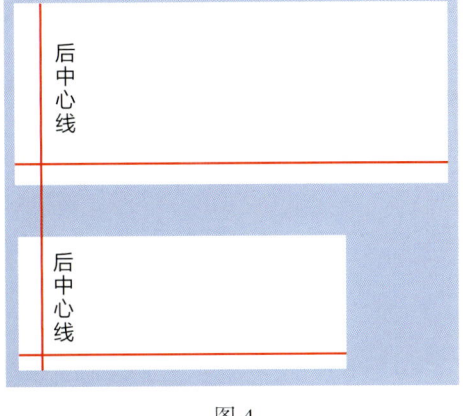

图4

3.2 贴标识带（图5）

根据款式图在人台上贴标识带。

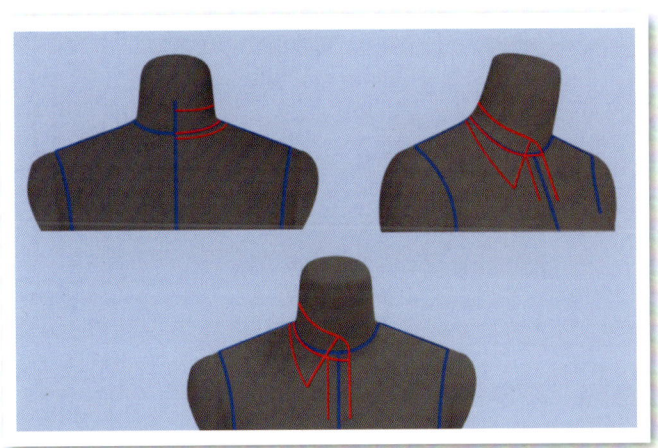

图5

3.3 固定领座坯布（图6）

将领座坯布的后中心线与人台的后中心线重叠，用单针固定。

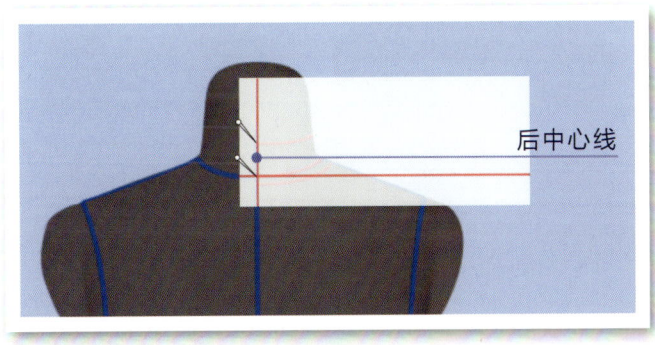

图6

3.4 领座造型（图7、图8）

（1）沿领圈打剪口至颈肩点，抚平布料，使坯布横向布纹线与后领圈线重叠，用单针固定。

（2）颈肩预留0.3cm松量，从颈肩点沿领圈打剪口至前中颈窝点，抚平布料，用单针固定。

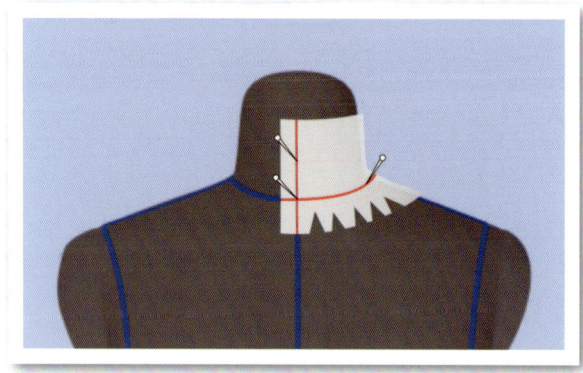

图7

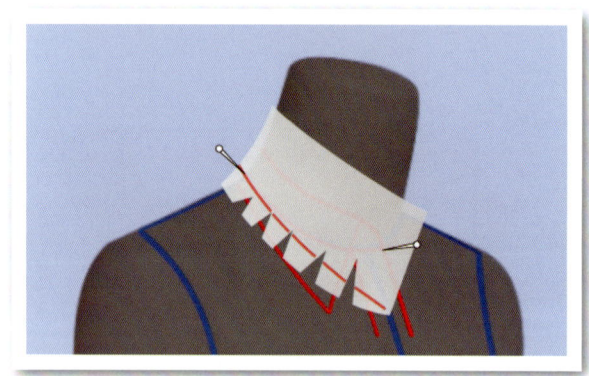

图8

3.5 标记领座造型线（图9）

检查领座上口及下口造型，用记号笔标记领座造型线，沿造型线预留缝份，修剪掉多余坯布。

图9

3.6 固定翻领坯布（图10）

将翻领坯布后中心线、下口横线与领座的后中心线、上口净样线对齐，用单针固定。

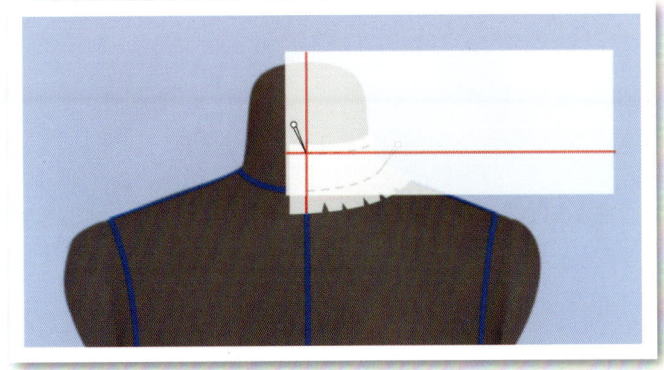

图10

3.7 翻领下口造型（图11）

翻领坯布顺着领座上口弧线往前推送，边打剪口边用大头针将坯布与领座上口弧线固定，直至前中心线与领座上口弧线的交点。

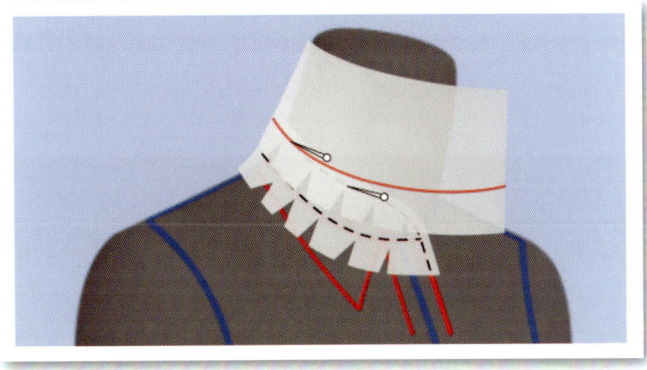

图11

3.8 翻领外口造型（图12）

将坯布沿叠合缝向下翻转，根据翻领的高度及款式特点折出翻领外口造型及领尖造型，以达到最接近款式要求的效果。

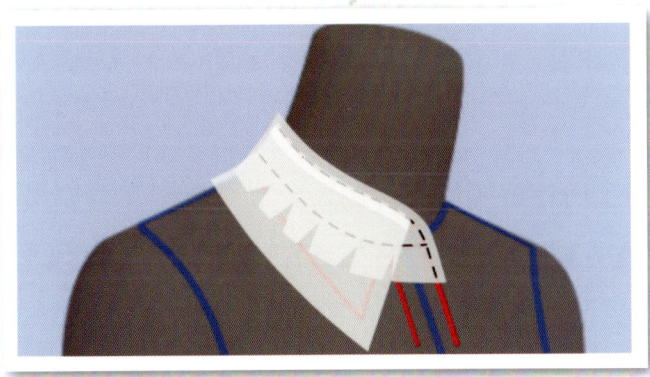

图12

3.9 标记翻领造型线（图 13）

用记号笔标记翻领造型线，沿造型线预留缝份，修剪掉多余坯布。

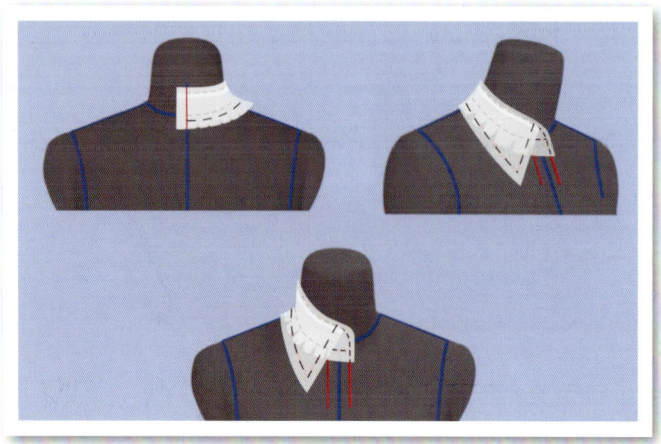

图 13

4. 取样拓样

4.1 取样（图 14）

从人台上移除领片，用直尺和曲线尺把翻领和领座造型线画顺，并修正领造型。

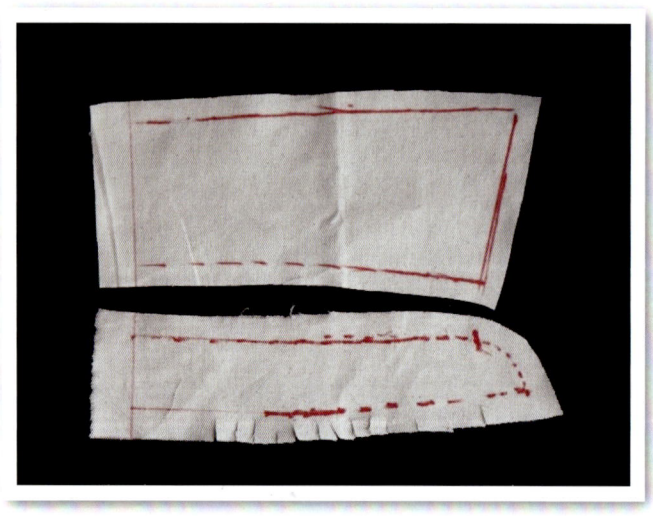

图 14

4.2 拓样（图 15）

将修正后的立翻领用针假缝好，套在人台上进行试穿。如果有问题，必须再次修改。如果没问题，可将立翻领取下拆开，用烫斗整烫平整，将透明硫酸纸覆盖于领片上，拓出纸样。

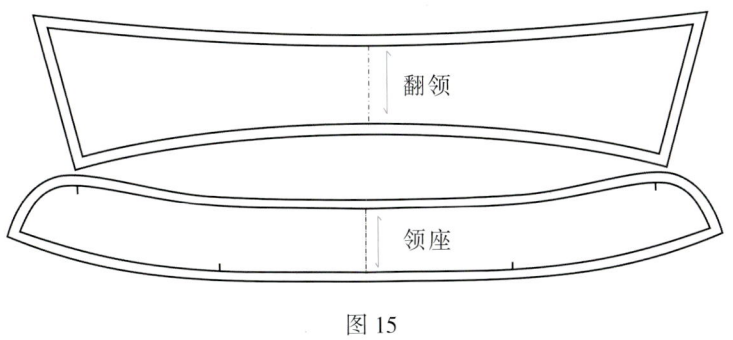

图 15

★ **任务要求**

（1）准备好立体裁剪工具。

（2）根据款式图分析款式特点。

（3）运用立体裁剪操作手法，根据款式图完成立体裁剪任务。

★ **参考资料**

约瑟夫–阿姆斯特朗．服装立体裁剪[M]．刘驰，钟敏维，译．上海：东华大学出版社，2016．

邓鹏举，张志宇，徐曼曼．服装立体裁剪[M]．3版．北京：化学工业出版社，2017．

三吉满智子．服装造型学理论篇[M]．郑嵘，张浩，韩洁羽，译．北京：中国纺织出版社，2006．

★ **材料工具清单**

款式图、人台、坯布、熨斗、标识带、珠针、针插、打版尺、曲线尺、软尺、记号笔。

★ **质量检测要求**

（1）**工艺要求**：大头针针尖排列有序，间距均匀，针尖方向一致，针脚小；缝份倒向合理，缝子平整；毛边处理光净整齐，无毛露；布料纱向正确，符合结构和款式风格造型要求；标记点交代清楚。

（2）**外观造型要求**：领平服贴合，止口不外翻，与脖颈间的空隙合适；领面无浮起或紧拉，无不良皱褶；领子整体造型流畅自然，平整美观。

工作任务 4：平驳头西装领立体裁剪
工作任务单

★ **学习场**

　　衣身部件立体裁剪

★ **学习情境**

　　领立体裁剪

★ **学习性工作任务**

　　平驳头西装领立体裁剪

★ **典型工作过程**

　　立体裁剪准备—款式图分析—立体裁剪操作—取样拓样

★ **任务目标**

　　素养目标： 提高学生实用与美观并重的意识；增强学生注重细节的意识；培养学生的团队合作精神。

　　知识目标： 理解平驳头西装领立体裁剪操作流程。

　　能力目标： 掌握平驳头西装领立体裁剪操作手法与技巧；完成平驳头西装领立体裁剪。

★ **任务流程图**

★ **任务描述**

1. **立体裁剪准备**

1.1 准备工具

珠针、针插、打版尺、曲线尺、软尺、记号笔、标识带等。

1.2 选择人台

根据规格尺寸中的胸围、腰围及臀围尺寸选择适合的人台（165/84A）。

2. 款式图分析（图1）

平驳头；翻领式领型。

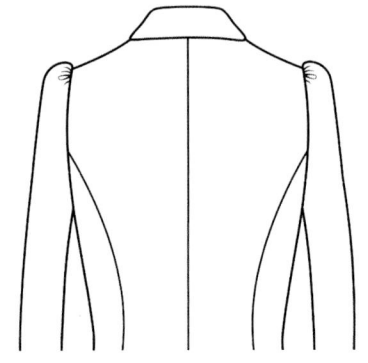

图1

3. 立体裁剪操作

3.1 准备坯布

（1）根据款式确定坯布量（图2）。

前片：长×宽＝30cm×50cm，

领：　长×宽＝30cm×20cm。

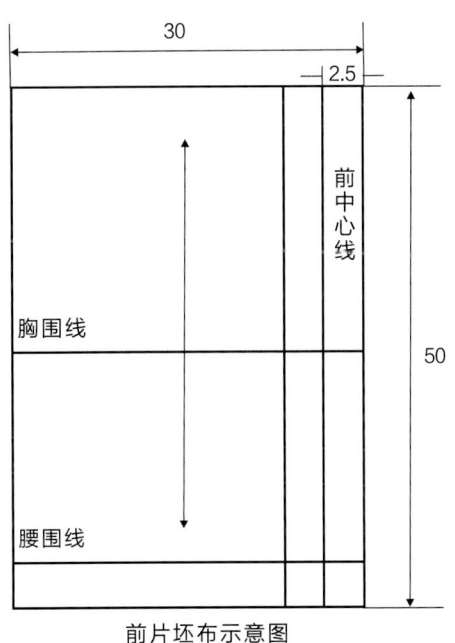
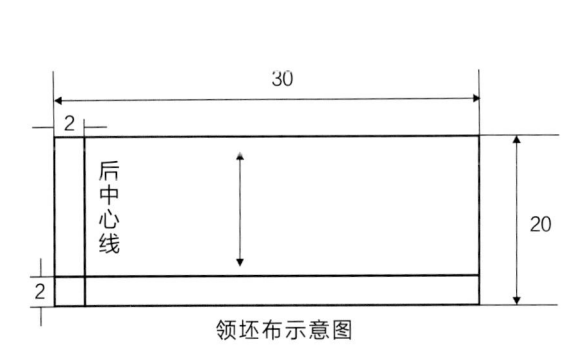

图2

（2）裁剪坯布，整理布纹（图3）。

（3）标记各裁片的布纹方向（图4）。

图3

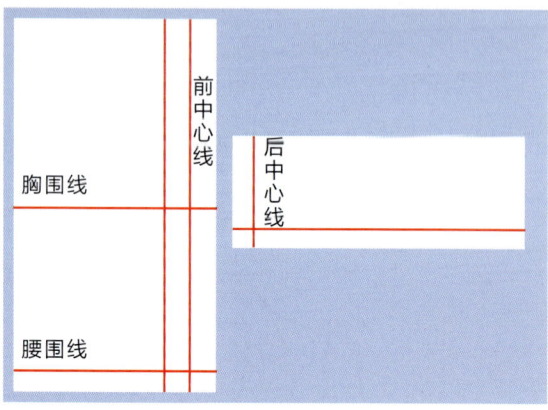

图4

3.2 贴标识带（图5）

根据款式图在人台上贴标识带。

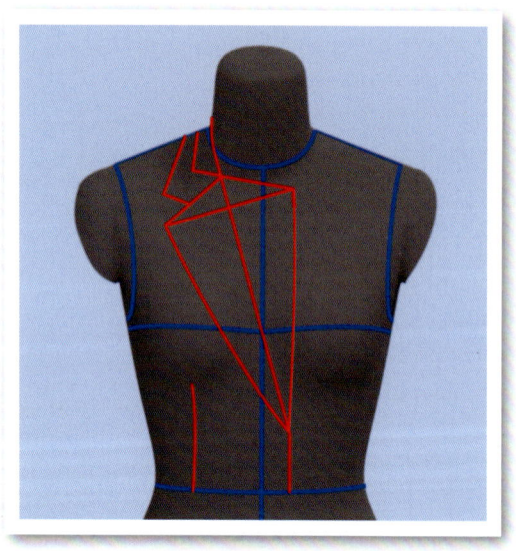

图5

3.3 固定前片坯布（图6）

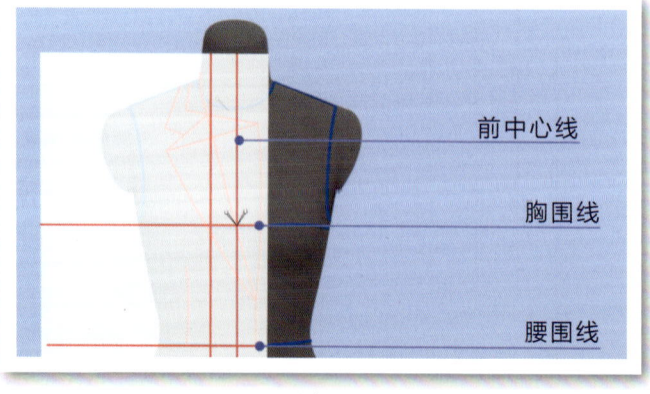

图6

将坯布的前中心线、胸围线和腰围线与人台的前中心线、胸围线和腰围线重叠；在前中心线上，用交叉固定针法固定前中心线与胸围线的交点，用单针固定领口和腰节。

3.4 前领口、肩线造型（图7）

沿前领圈标识线打剪口，将领部、肩部多余量推送至腰部，根据标记线修剪，完成领口、肩部造型。

3.5 驳头造型（图8）

检查合格后根据人台标记线，以虚线的形式在坯布上标识出驳头造型线、串口线、领深线和翻驳线，并修剪多余坯布。

3.6 做前腰省（图9）

固定侧缝坯布，修剪前袖窿、侧缝以及腰节线以下的多余坯布，并斜向打剪口，使前腰平服；将腰部多余量指向BP点捏合出腰省，用折合针法固定。

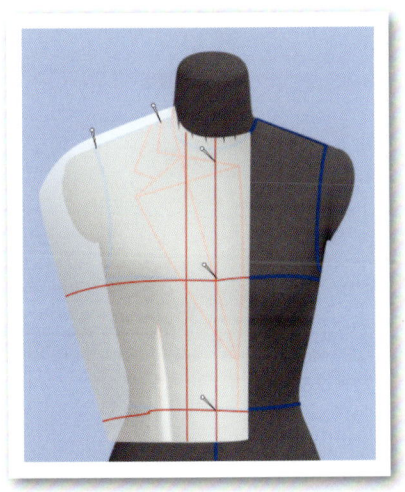

图7

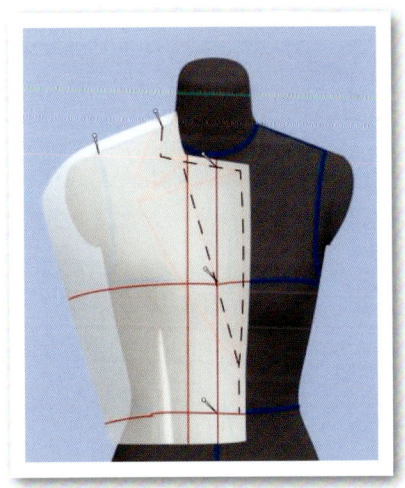

图8

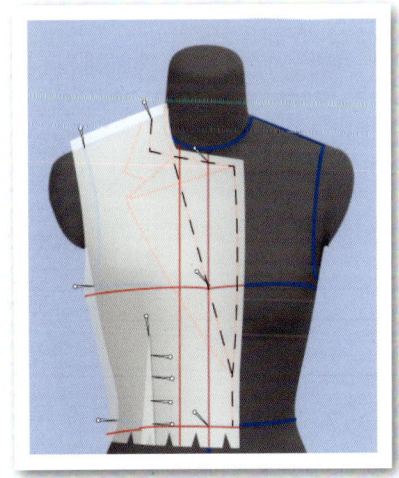

图9

3.7 固定领坯布（图10）

将领坯布的后中心线与人台的后中心线重叠，用单针固定。

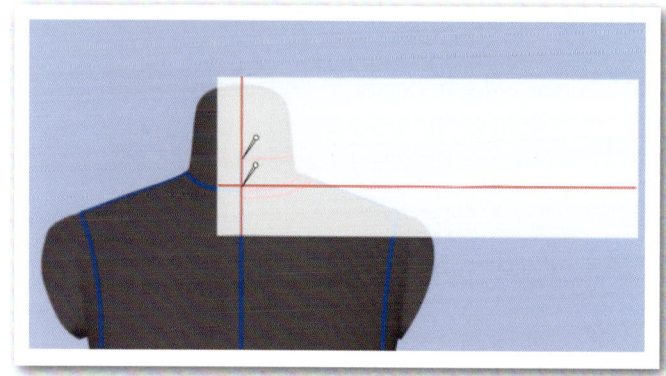

图10

3.8 翻领下口造型（图11）

坯布顺着领圈线从后向前推送，边打剪口边用大头针别合，直至领串口线与领圈线的交点。

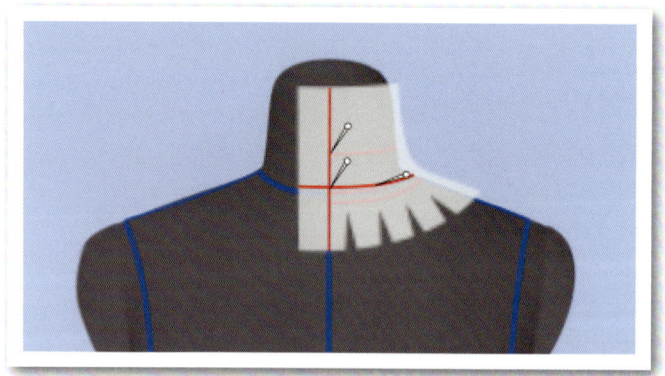

图11

3.9 翻领外口造型（图12）

将坯布沿领高向下翻转，翻折线经过颈肩与驳领翻折线接上；沿着翻领外口标记线以外打剪口，确保领外口坯布平服，直至前片领嘴。

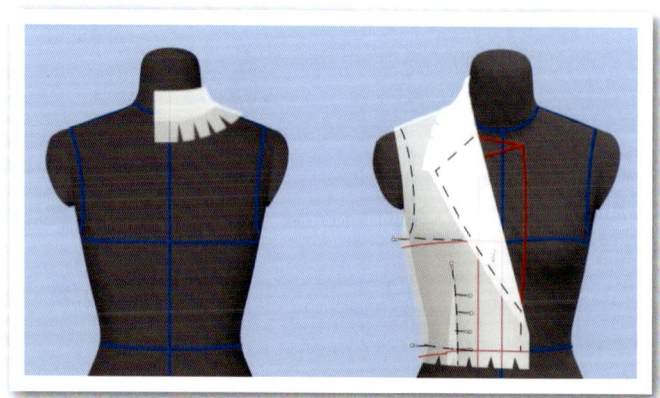

图12

3.10 标记平驳领造型线（图13）

检查驳头与领型，用记号笔标记平驳领造型线，沿造型线预留缝份，修剪掉多余坯布。

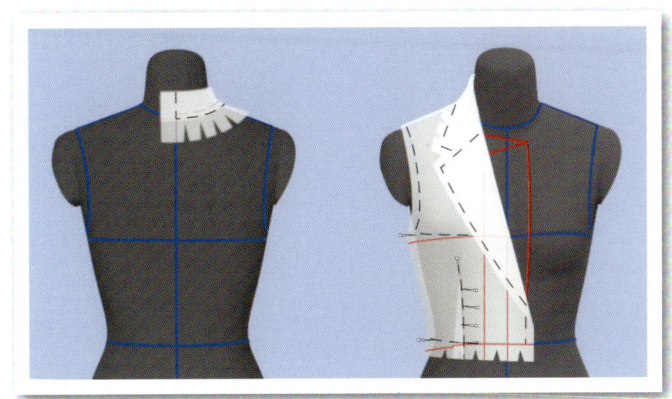

图13

4. 取样拓样

4.1 取样（图14）

从人台上取下坯样并拆开，用直尺和曲线尺修正前片、平驳头西装领各部位造型线。

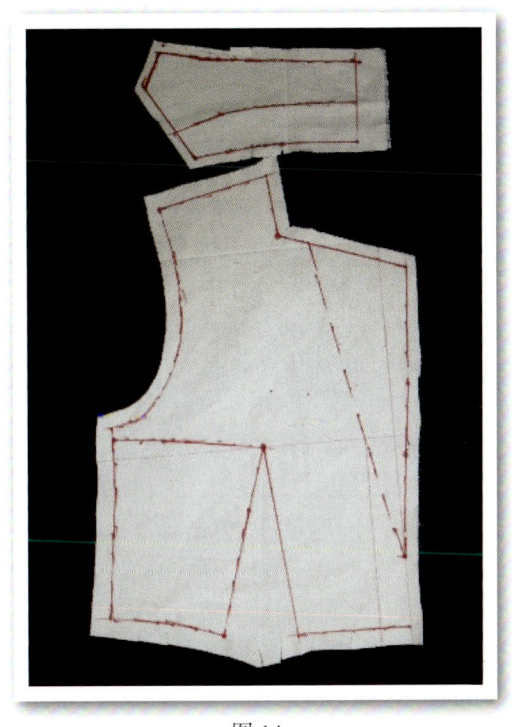

图14

4.2 拓样（图15）

将修正后的平驳头西装领用针假缝好，套在人台上进行试穿。如果有问题，必须再次修改。如果没问题，可将平驳头西装领取下拆开，用烫斗整烫平整，将透明硫酸纸覆盖于领片上，拓出纸样。

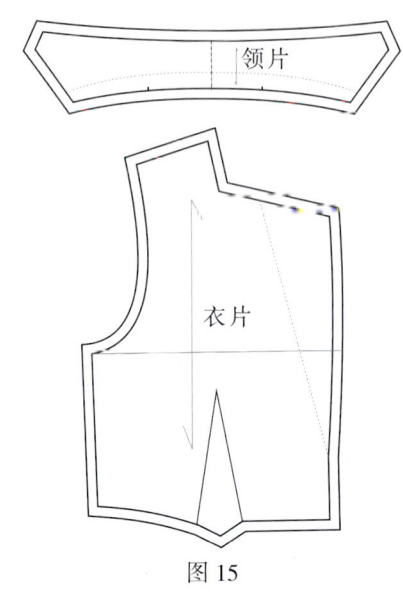

图 15

★ 任务要求

（1）准备好立体裁剪工具。

（2）根据款式图分析款式特点。

（3）运用立体裁剪操作手法，根据款式图完成立体裁剪任务。

★ 参考资料

约瑟夫-阿姆斯特朗．服装立体裁剪[M]．刘驰，钟敏维，译．上海：东华大学出版社，2016．

邓鹏举，张志宇，徐曼曼．服装立体裁剪[M]．3版．北京：化学工业出版社，2017．

三吉满智子．服装造型学理论篇[M]．郑嵘，张浩，韩洁羽，译．北京：中国纺织出版社，2006．

★ 材料工具清单

款式图、人台、坯布、熨斗、标识带、珠针、针插、打版尺、曲线尺、软尺、记号笔。

★ 质量检测要求

（1）**工艺要求**：大头针针尖排列有序，间距均匀，针尖方向一致，针脚小；缝份倒向合理，缝子平整；毛边处理光净整齐，无毛露；布料纱向正确，符合结构和款式风格造型要求；标记点交代清楚。

（2）**外观造型要求**：领平服贴合，止口不外翻，与脖颈间的空隙合适；领面无浮起或紧拉，无不良皱褶；领子整体造型流畅自然，平整美观。

学习场四：女裙立体裁剪

★ 课程思政

旨在激发学生对服装专业的热爱，培养学生的自主学习能力，同时提升学生的审美水平与创新意识。首先通过实践探索，学生会深化对专业的理解，形成持续的学习动力。其次强调审美教育，拓宽学生的美学视野，激发其创意灵感。再次注重团队合作精神的培养，让学生在协作中学会沟通与尊重。最后，弘扬精益求精的工匠精神，引导学生追求细节完美，形成严谨认真的职业态度。

★ 内容概述

学习场女裙立体裁剪，是一个综合了设计思维、空间想象与手工技艺的过程，旨在通过实践操作提升学生的服装立体裁剪能力。

本学习场包括"短裙立体裁剪"和"连衣裙立体裁剪"两个学习情境，每个学习情境中又有2~3个典型性工作任务，旨在循序渐进地构建学生的专业技能体系。

在短裙立体裁剪学习情境中，学生首先通过裙原型立体裁剪任务掌握基础短裙版型的制作，学会如何将布料与人体曲线完美贴合。随后，波浪裙立体裁剪任务则进一步挑战学生的创新能力，教授如何在基础版型上增添波浪元素，让学生掌握褶皱与波浪的立体裁剪技巧，使作品更加生动有趣。

连衣裙立体裁剪学习情境则更加注重整体设计与剪裁细节的平衡。从抹胸时尚合体连衣裙的设计裁剪开始，学生需专注于上半身的贴合度与整体造型的平衡感，培养敏锐的审美眼光与精细的剪裁技艺。接下来，结合V领与褶裥设计的任务不仅提升了学生的设计感，还深化了他们对立体裁剪技能的理解与应用。最后，连身立领款式的挑战则是对学生领型设计与剪裁细节掌控能力的全面检验与提升。

学习情境一：短裙立体裁剪

★ 课程思政

旨在通过学习，首先激发学生对服装立体裁剪的热爱，培养其自主学习能力，鼓励其主动探索与实践。其次通过立体裁剪实践提升审美水平，引导学生欣赏并创造美，增强其对时尚潮流的敏感度。最后鼓励学生勇于创新，将个人创意融入裁剪中，培养独特的艺术视角与创新意识。

★ 学习目标

(1) **掌握原理**：理解短裙立体裁剪基本原理，包括人体工学与布料关系。

(2) **技能提升**：熟练掌握短裙原型及波浪裙等复杂款式的裁剪与立体裁剪技术。

(3) **设计创新**：培养设计思维，鼓励根据个人审美进行创新设计。

(4) **职业素养**：注重细节，追求作品完美，培养工匠精神。

(5) **团队合作**：增强团队合作意识，提升沟通协调能力。

★ 教学策略

(1) **理实结合**：理论讲解与示范操作相结合，直观感受立体裁剪技巧。

(2) **分组实践**：分组实践，个性化指导，确保每位学生掌握技术。

(3) **案例分析**：引入案例，分析设计特点与裁剪难点，促进理解。

(4) **创新实践**：鼓励创新设计，支持将创意转化为实物立体裁剪制作。

(5) **展示评价**：展示作品，师生互评，提供反馈，促进提升。

(6) **资源整合**：整合教学资源，确保内容时效实用，满足学习需求。

工作任务1：裙原型立体裁剪
工作任务单

★ **学习场**

女裙立体裁剪

★ **学习情境**

短裙立体裁剪

★ **学习性工作任务**

裙原型立体裁剪

★ **典型工作过程**

立体裁剪准备—款式图分析—立体裁剪操作—取样拓样

★ **任务目标**

素养目标： 培养学生对专业的热爱和自主学习能力；提高学生的审美水平和创新意识。

知识目标： 理解裙原型立体裁剪操作流程。

能力目标： 掌握裙原型立体裁剪操作手法与技巧；完成裙原型立体裁剪。

★ **任务流程图**

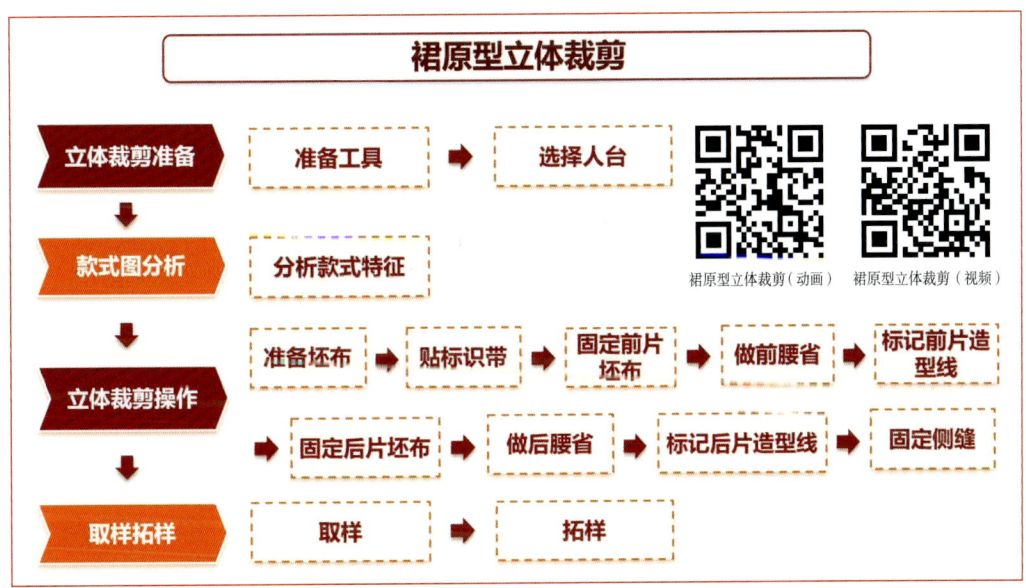

★ **任务描述**

1. 立体裁剪准备

1.1 准备工具

珠针、针插、打版尺、曲线尺、软尺、记号笔、标识带等。

1.2 选择人台

根据规格尺寸中的胸围、腰围及臀围尺寸选择适合的人台（165/84A）。

2. 款式图分析（图1）

直腰；前后腰口各设2个省；侧缝略向里倾斜。

图1

3. 立体裁剪操作

3.1 准备坯布

（1）根据款式确定坯布量（宽×长＝32cm×65cm，2片）（图2）。

（2）裁剪坯布，整理布纹（图3）。

（3）标记各裁片的布纹方向（图4）。

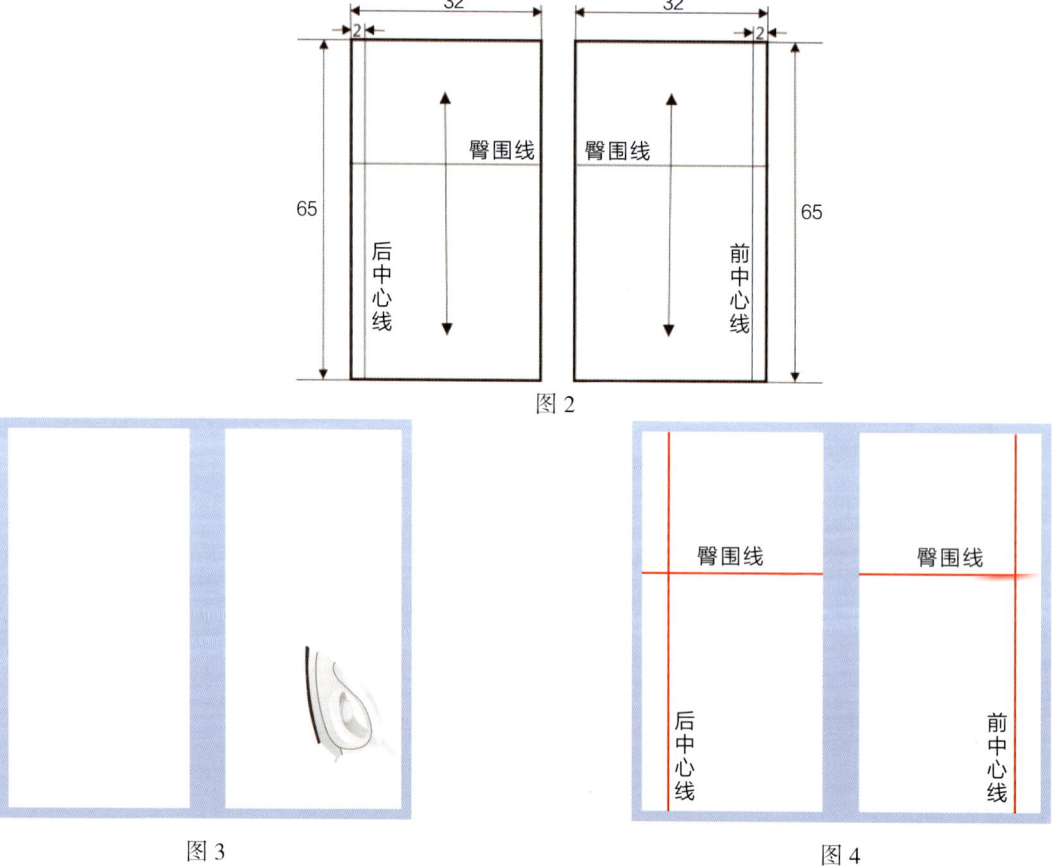

图2

图3 图4

3.2 贴标识带（图5）

根据款式图在人台上贴标识带。

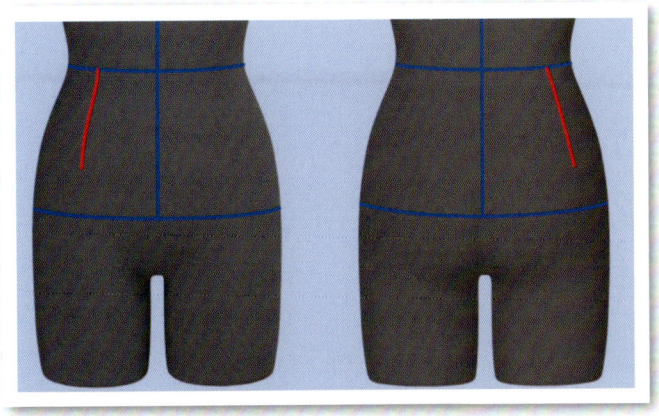

图5

3.3 固定前片坯布（图6）

将坯布的前中心线和臀围线与人台的前中心线和臀围线重叠。在前中心线上，用交叉固定针法固定前中心线与臀围线的交点，用单针固定腰口和下摆。

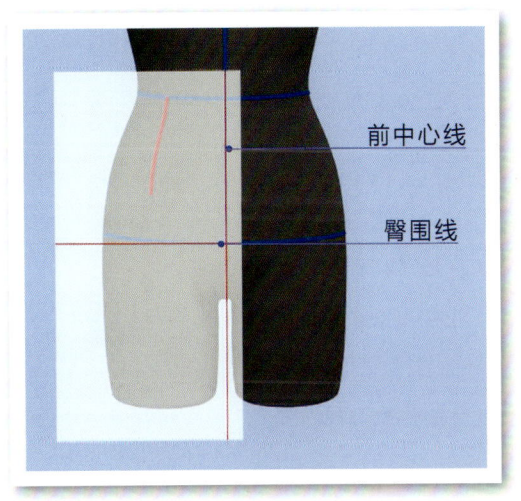

图6

3.4 做前腰省（图7）

在侧缝处将坯布臀围线与人台臀围线重合，臀围线以下部分保持丝缕横平竖直，臀围线以上的侧缝线顺势抚平。在腰口处打剪口，将腰臀差量做成一个省道。

3.5 标记前片造型线（图8）

检查各部位的平服度和松紧度，确认造型符合要求后，用记号笔以虚线的形式，把前片腰口弧线、腰省、侧缝线描画出来，预留出缝份，将多余的坯布修剪干净。

3.6 固定后片坯布（图9）

将坯布的后中心线和臀围线与人台的后中心线和臀围线重叠。在后中心线上，用交叉固定针法固定后中心线与臀围线的交点，用单针固定腰口和下摆。

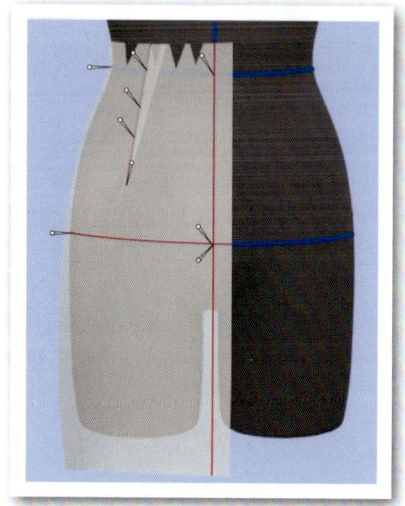

图7

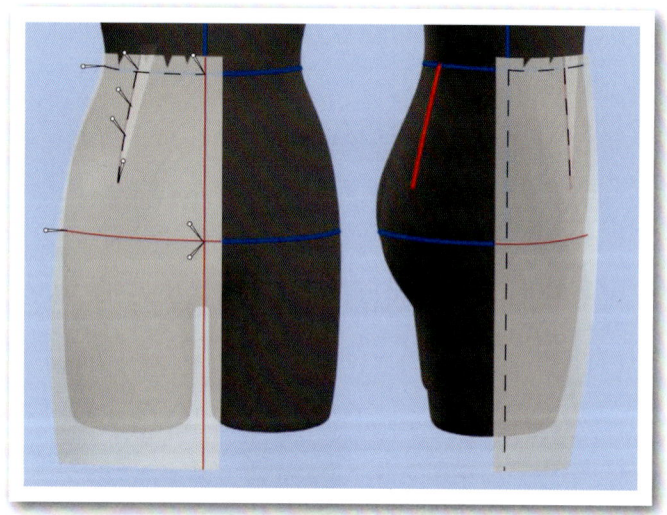

图8

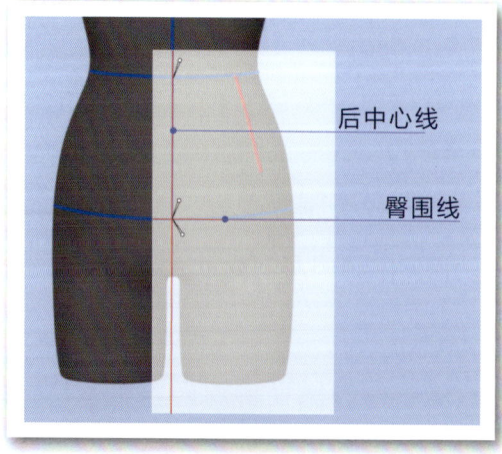

图9

3.7 做后腰省（图10）

在侧缝处将坯布臀围线与人台臀围线重合，臀围线以下部分保持丝缕横平竖直，臀围线以上的侧缝线顺势抚平。在腰口处打剪口，将腰臀差量做成一个省道。

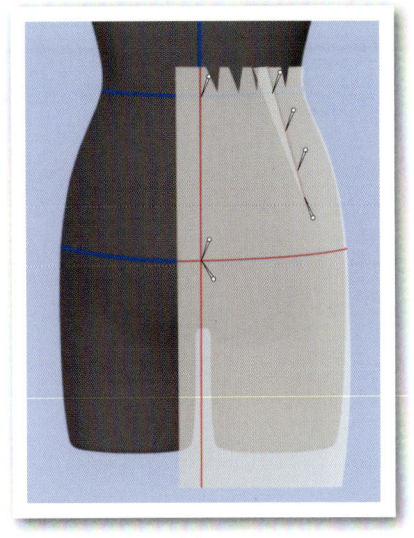

图10

3.8 标记后片造型线（图11）

检查各部位的平服度和松紧度，确认造型符合要求后，用记号笔以虚线的形式，把后片腰口弧线、腰省、侧缝线描画出来，预留出缝份，将多余的坯布修剪干净。

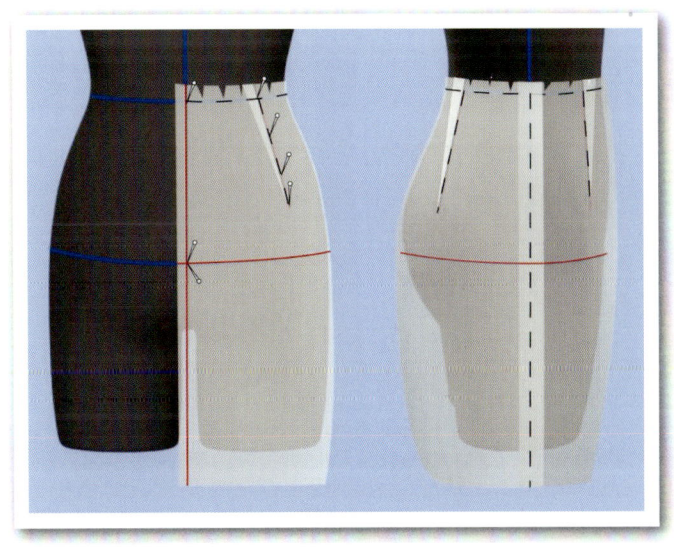

图11

3.9 固定侧缝（图12）

用折合针法将前后裙片侧缝重叠固定。

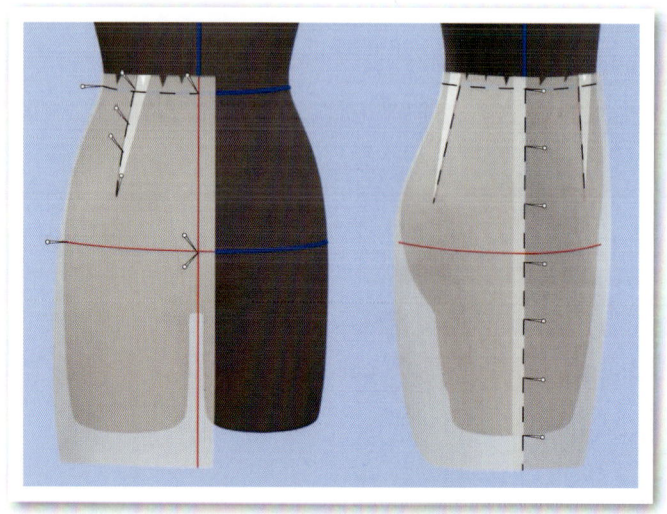

图12

4. 取样拓样

4.1 取样（图13）

取下前后裙片，用曲线板画顺前后侧缝弧线、腰口弧线、下摆弧线；用直尺画好前后腰省。

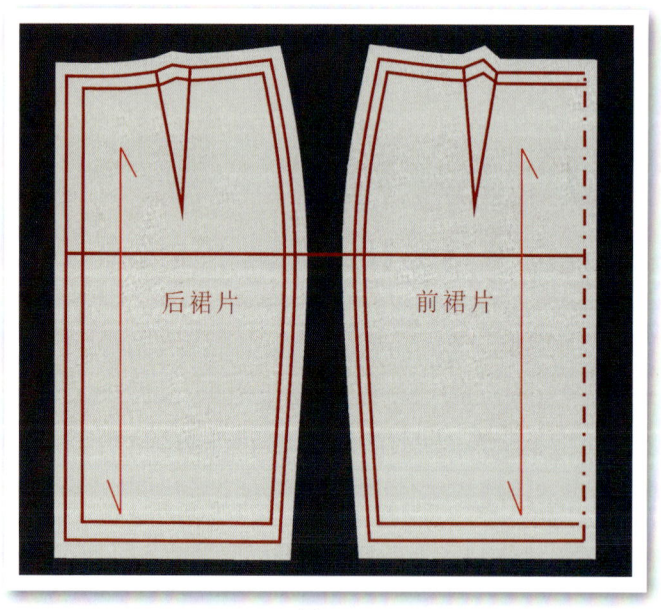

图13

4.2 拓样（图14）

将经过修正的裙片通过假缝套在人台上进行试穿，检查裙片造型是否准确无误。如果有误，说明前面操作不当，必须进行修改。如果没有问题，可将裙片取下来，拓出纸样。

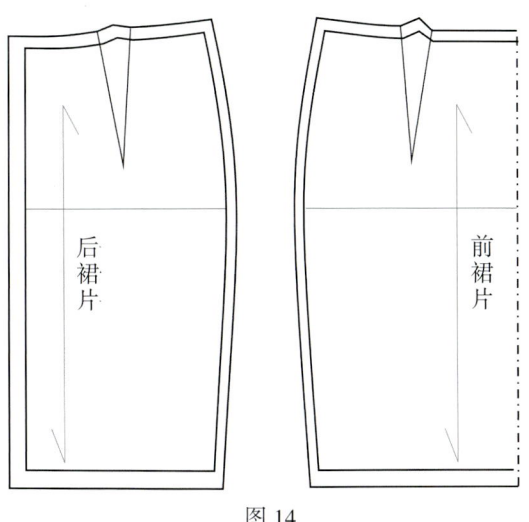

图 14

★ 任务要求

（1）准备好立体裁剪工具。

（2）根据款式图分析款式特点。

（3）运用立体裁剪操作手法，根据款式图完成立体裁剪任务。

★ 参考资料

约瑟夫-阿姆斯特朗．服装立体裁剪［M］．刘驰，钟敏维，译．上海：东华大学出版社，2016．

邓鹏举，张志宇，徐曼曼．服装立体裁剪［M］．3版．北京：化学工业出版社，2017．

三吉满智子．服装造型学理论篇［M］．郑嵘，张浩，韩洁羽，译．北京：中国纺织出版社，2006．

★ 材料工具清单

款式图、人台、坯布、熨斗、标识带、珠针、针插、打版尺、曲线尺、软尺、记号笔。

★ 质量检测要求

（1）**工艺要求**：大头针针尖排列有序，间距均匀，针尖方向一致，针脚小；缝份倒向合理，缝子平整；毛边处理光净整齐，无毛露；布料纱向正确，符合结构和款式风格造型要求；标记点交代清楚。

（2）**外观造型要求**：裙身平衡，干净、整洁、无毛露；胸围松量适度，腰部合体修身；袖窿平服空隙佳，领口平服不外翻；整体造型线条流畅，无不良皱褶。

工作任务 2：波浪裙立体裁剪
工作任务单

★ **学习场**

女裙立体裁剪

★ **学习情境**

短裙立体裁剪

★ **学习性工作任务**

波浪裙立体裁剪

★ **典型工作过程**

立体裁剪准备—款式图分析—立体裁剪操作—取样拓样

★ **任务目标**

素养目标： 培养学生对专业的热爱和自主学习能力；提高学生的审美水平和创新意识。

知识目标： 理解波浪裙立体裁剪操作流程。

能力目标： 掌握波浪裙立体裁剪操作手法与技巧；完成波浪裙立体裁剪。

★ **任务流程图**

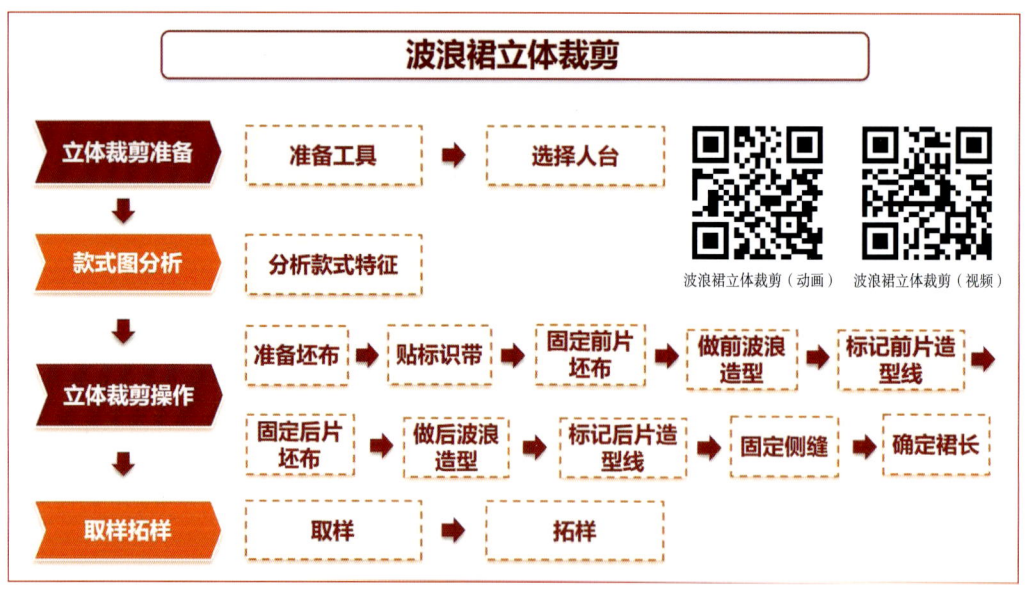

★ **任务描述**

1. **立体裁剪准备**

1.1 **准备工具**

珠针、针插、打版尺、曲线尺、软尺、记号笔、标识带等。

1.2 选择人台

根据规格尺寸中的胸围、腰围及臀围尺寸选择适合的人台（165/84A）。

2. 款式图分析（图1）

基础紧身裙；直腰；前片左右各两个波浪；大裙摆。

图1

3. 立体裁剪操作

3.1 准备坯布

（1）根据款式确定坯布量（宽×长＝60cm×85cm，2片）（图2）。

（2）裁剪坯布，整理布纹（图3）。

（3）标记各裁片的布纹方向（图4）。

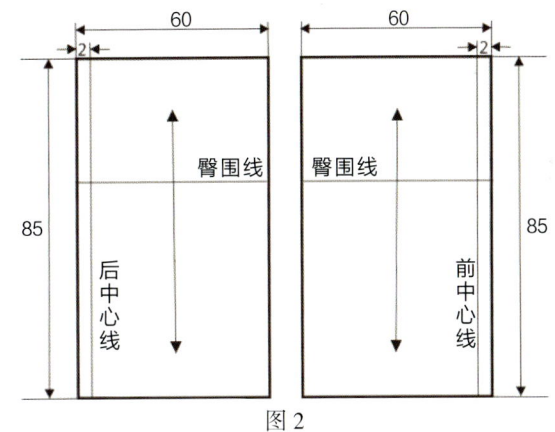

图2

图3

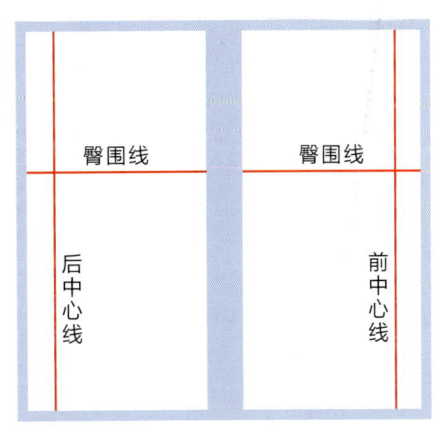

图4

3.2 贴标识带（图5）

根据款式图在人台上贴标识带。

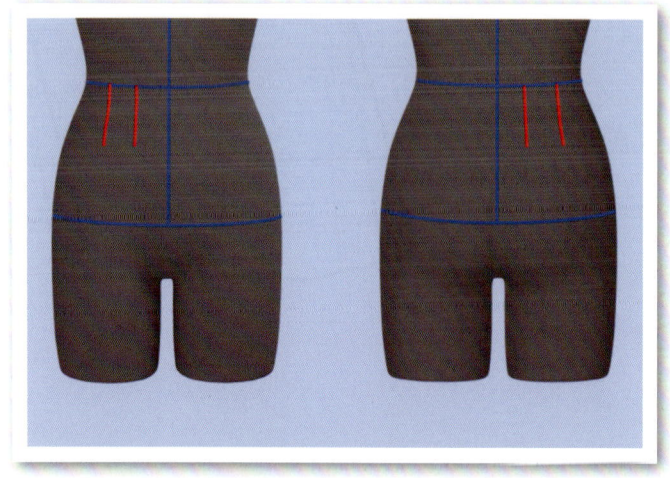

图 5

3.3 固定前片坯布（图6）

将坯布的前中心线和臀围线与人台的前中心线和臀围线重叠。用交叉固定针法固定前中心线与臀围线的交点，用单针固定腰口和下摆。

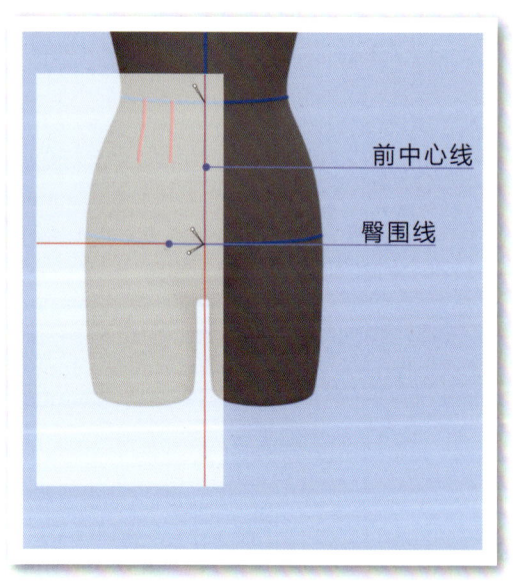

图 6

3.4 做前波浪造型（图7、图8）

（1）用针固定第一个波浪起始点，从前中心沿腰线，留1.5cm缝份，剪至第一个波浪起始点，让坯布自然下垂，使腰口以下呈波浪，波浪的大小可以通过腰侧的坯布下垂量来调整。

（2）用针固定第二个波浪起始点，继续沿腰线，留 1.5cm 缝份，剪至第二个波浪起始点，让坯布自然下垂，使腰口以下呈波浪，波浪的大小可以通过腰侧的坯布下垂量来调整。

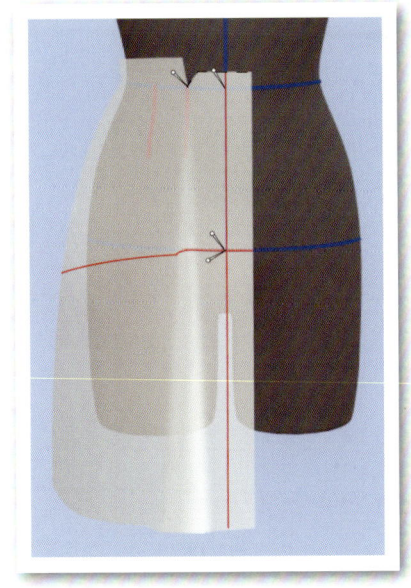
图 7

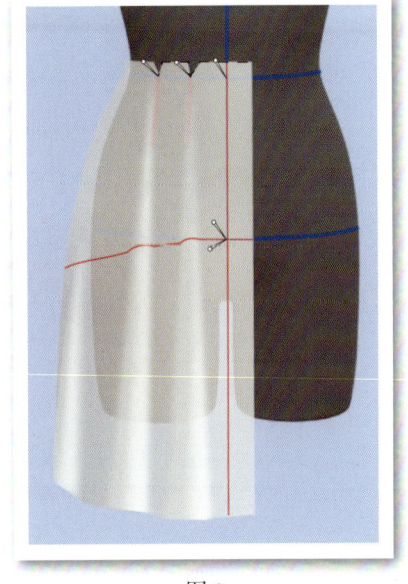
图 8

3.5 标记前片造型线（图 9）

检查各部位的平服度和松紧度，确认造型符合要求后，用记号笔以虚线的形式，把前片腰口弧线、腰省、侧缝线描画出来，预留出缝份，将多余的坯布修剪干净。

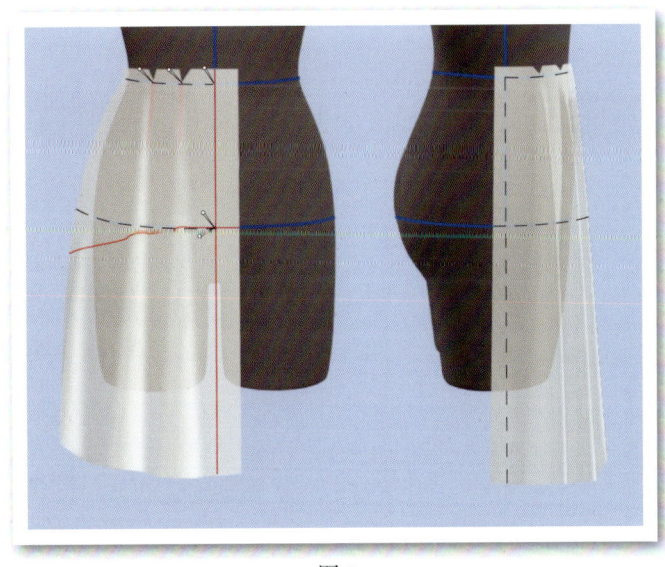
图 9

3.6 固定后片坯布（图10）

将坯布的后中心线和臀围线与人台的后中心线和臀围线重叠。用交叉固定针法固定后中心线与臀围线的交点，用单针固定腰口和下摆。

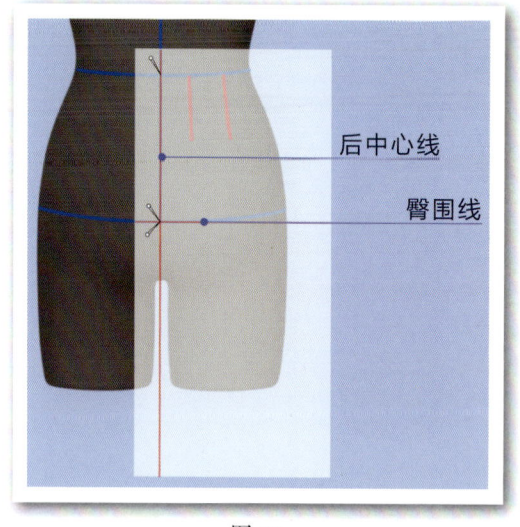

图10

3.7 做后波浪造型（图11、图12）

（1）用针固定第一个波浪起始点，从后中心沿腰线，留1.5cm缝份，剪至第一个波浪起始点，让坯布自然下垂，使腰口以下呈波浪，波浪的大小可以通过腰侧的坯布下垂量来调整。

（2）用针固定第二个波浪起始点，继续沿腰线，留1.5cm缝份，剪至第二个波浪起始点，让坯布自然下垂，使腰口以下呈波浪，波浪的大小可以通过腰侧的坯布下垂量来调整。

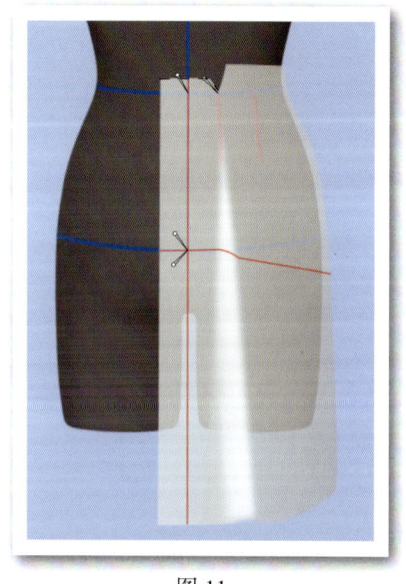
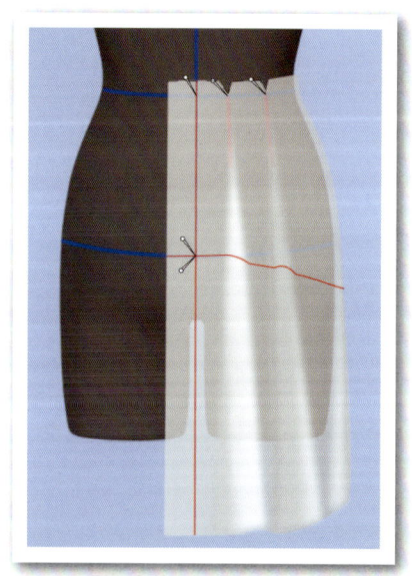

图11　　　　　　　　　　图12

3.8 标记后片造型线（图13）

检查各部位的平服度和松紧度，确认造型符合要求后，用记号笔以虚线的形式，把后片腰口弧线、侧缝线描画出来，预留出缝份，将多余的坯布修剪干净。

图13

3.9 固定侧缝（图14）

用折合针法将前后裙片侧缝重叠固定。

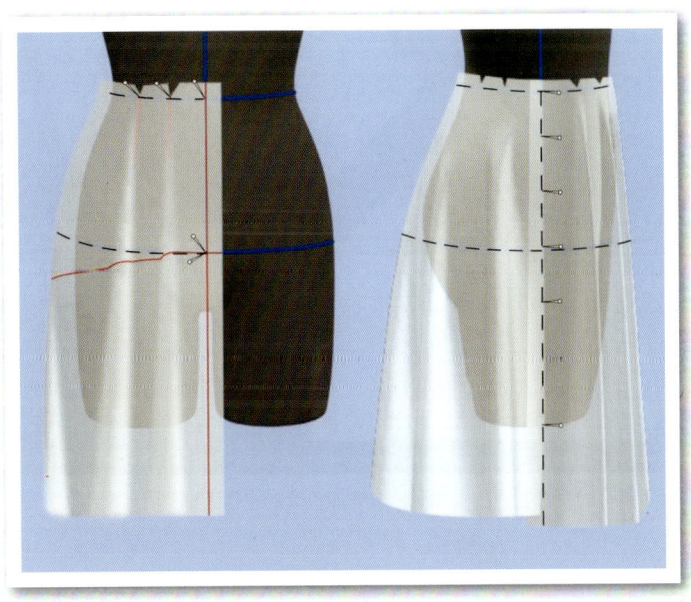

图14

3.10 确定裙长（图15）

用标识带在坯布上标记裙长的位置，预留裙长的缝份，剪掉多余的坯布。

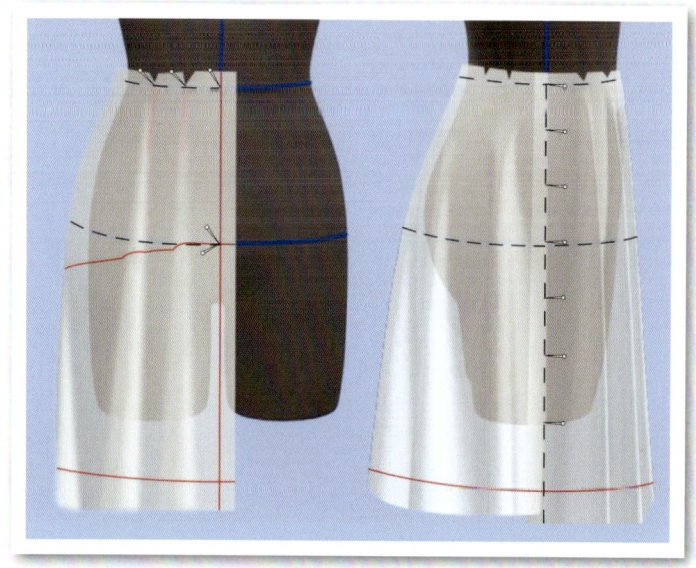

图 15

4. 取样拓样

4.1 取样（图16）

取下前后裙片，用曲线板画顺前后腰口弧线、下摆弧线；用直尺画好前后侧缝。

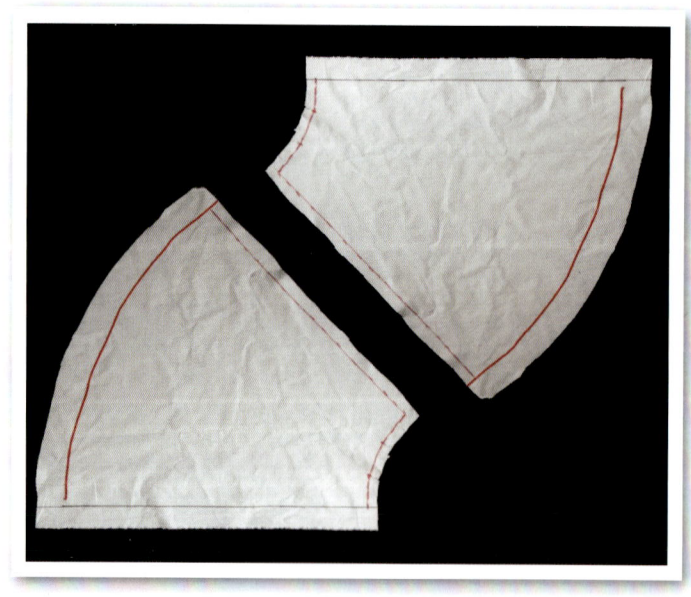

图 16

4.2 拓样（图17）

将经过修正的裙片通过假缝套在人台上进行试穿，检查裙片造型是否准确无误。如果有误，说明前面操作不当，必须进行修改。如果没有问题，可将裙片取下来，拓出纸样。

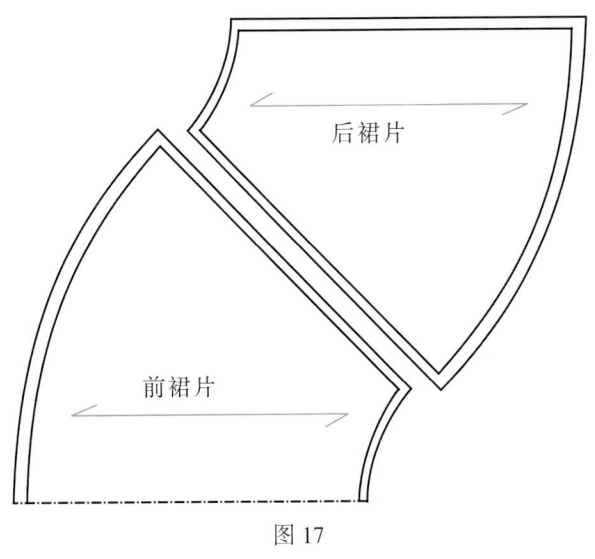

图 17

★ 任务要求

（1）准备好立体裁剪工具。

（2）根据款式图分析款式特点。

（3）运用立体裁剪操作手法，根据款式图完成立体裁剪任务。

★ 参考资料

约瑟夫-阿姆斯特朗．服装立体裁剪[M]．刘驰，钟敏维，译．上海：东华大学出版社，2016．

邓鹏举，张志宇，徐曼曼．服装立体裁剪[M]．3版．北京：化学工业出版社，2017．

三吉满智子．服装造型学理论篇[M]．郑嵘，张浩，韩洁羽，译．北京：中国纺织出版社，2006．

★ 材料工具清单

款式图、人台、坯布、熨斗、标识带、珠针、针插、打版尺、曲线尺、软尺、记号笔。

★ 质量检测要求

（1）**工艺要求**：大头针针尖排列有序，间距均匀，针尖方向一致，针脚小；缝份倒向合理，缝子平整；毛边处理光净整齐，无毛露；布料纱向正确，符合结构和款式风格造型要求；标记点交代清楚。

（2）**外观造型要求**：裙身平衡，干净、整洁、无毛露；胸围松量适度，腰部合体修身；袖窿平服空隙佳，领口平服不外翻；整体造型线条流畅，无不良皱褶。

学习情境二：连衣裙立体裁剪

★ 课程思政

旨在通过学习，首先激发学生对服装立体裁剪的深厚热爱，培养其成为自主学习、不断探索的求知者。其次通过丰富的实践案例与创意挑战，学生审美水平与创新意识得以显著提升，学会在细节中追求完美，在平凡中创造不凡。再次强化团队合作，让学生在共同完成任务中学会沟通与协作，深刻理解团队精神的力量。最后，引导学生树立精益求精的工匠精神，将每一次裁剪视为一次艺术的创作，不断追求卓越，力求将技术与美感完美融合。

★ 学习目标

（1）**技能精通**：掌握连衣裙立体裁剪的核心技能，包括测量、补正人台、贴标识带、立体裁剪、缝制等。

（2）**款式理解**：深入理解并区分不同款式连衣裙（抹胸、V领褶裥、连身立领）的裁剪特点。

（3）**设计创新**：培养设计思维，鼓励将创意融入裁剪，提升作品独特性。

（4）**职业素养**：注重细节，培养精益求精的工匠精神；增强团队协作能力。

（5）**审美提升**：通过实践提升审美水平，关注时尚潮流，形成个人审美风格。

★ 教学策略

（1）**理实结合**：理论讲解与实践操作紧密结合，直观感受裁剪技巧。

（2）**案例分析**：引入案例，分析设计特点与裁剪难点，促进理解。

（3）**创新实践**：鼓励创新设计，支持将创意转化为实物裁剪制作。

（4）**展示评价**：组织作品展示，提供反馈，促进学生技能提升与审美发展。

（5）**强化实践**：加大实践比重，通过反复练习巩固和提升学生的裁剪技能。

（6）**自主学习**：引导学生学会自主学习，培养其独立思考和解决问题的能力。

工作任务 1：抹胸时尚合体连衣裙立体裁剪
工作任务单

★ **学习场**

女裙立体裁剪

★ **学习情境**

连衣裙立体裁剪

★ **学习性工作任务**

抹胸时尚合体连衣裙立体裁剪

★ **典型工作过程**

立体裁剪准备—款式图分析—立体裁剪操作—取样拓样

★ **任务目标**

素养目标： 培养学生对专业的热爱和自主学习能力；提高学生的审美水平、创新意识；增强学生的团队合作意识、精益求精的工匠精神。

知识目标： 理解抹胸时尚合体连衣裙立体裁剪操作流程。

能力目标： 掌握抹胸时尚合体连衣裙立体裁剪操作手法与技巧；完成抹胸时尚合体连衣裙立体裁剪。

★ **任务流程图**

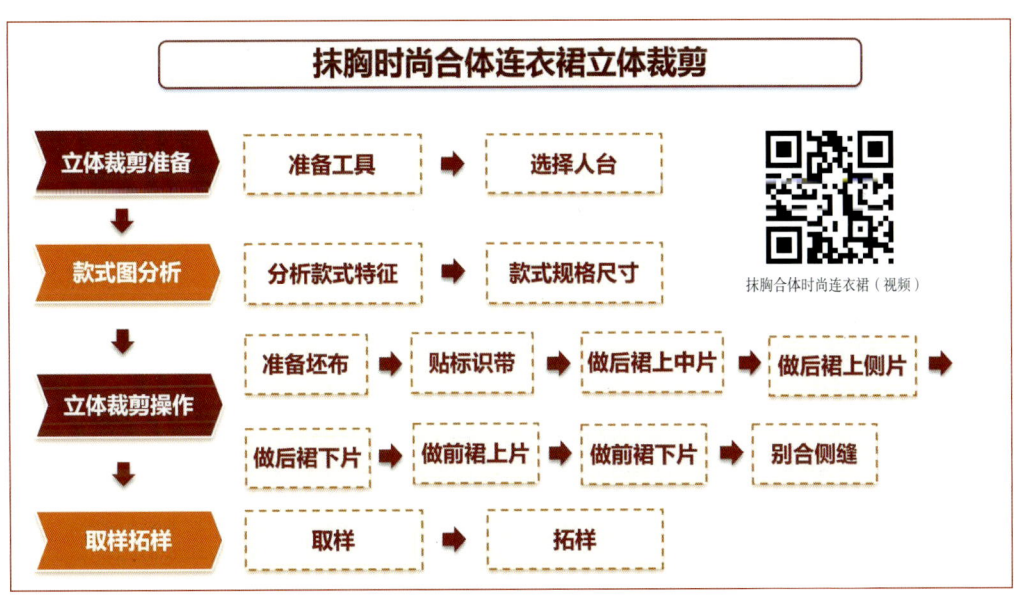

★ 任务描述

1. 立体裁剪准备

1.1 准备工具

珠针、针插、打版尺、曲线尺、软尺、记号笔、标识带等。

1.2 选择人台

根据规格尺寸选择适合的人台（165/84A）。

1.3 补正人台

有需要时可对人台进行补正，具体的补正方法详见学习场一补正人台。

2. 款式图分析（图1）

2.1 分析款式特征

（1）裙型：合体修身型。

（2）前衣身：不对称结构；左侧胸部做造型，腰省下接2个褶裥。

（3）后衣身：后衣身公主缝下接2个褶裥。

（4）袖：无袖。

图1

2.2 款式规格尺寸（表1）

表1 款式规格尺寸　　　　　　单位：cm

部位	后裙长	胸围	腰围	臀围
165/84A	82	90	72	96

3. 立体裁剪操作

3.1 准备坯布（图2）

（1）根据款式确定坯布量：

后裙上中片：长 × 宽 ＝ 30cm×25cm，

后裙上侧片：长 × 宽 ＝ 20cm×25cm，

前／后裙下片：长 × 宽 ＝ 70cm×80cm，2片，

前裙上片：长 × 宽 ＝ 105cm×60cm。

（2）裁剪坯布，整理布纹。

（3）标记各裁片的布纹方向。

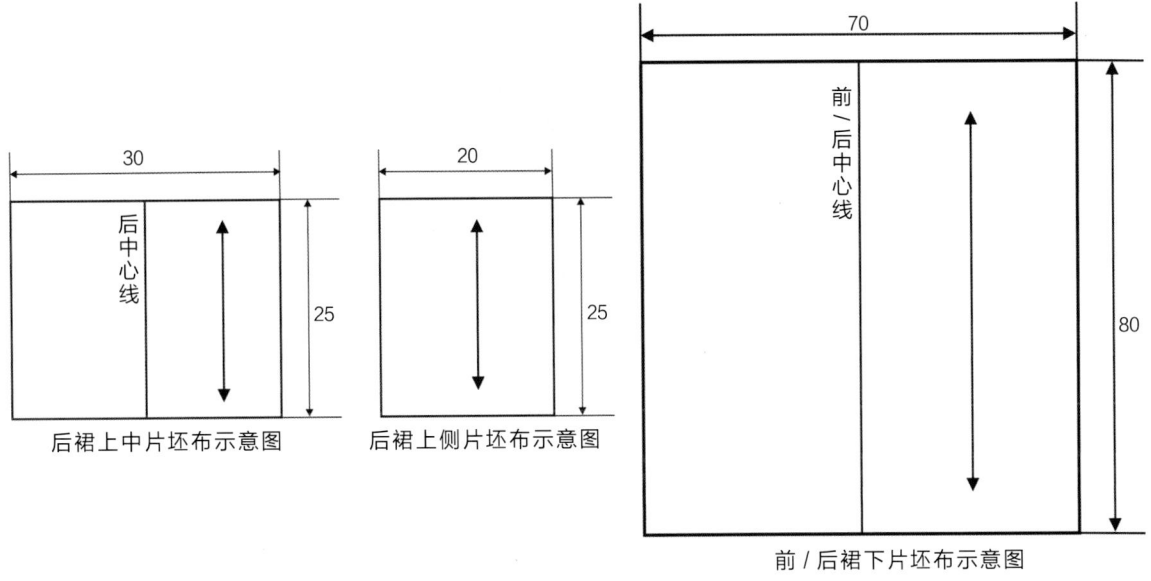

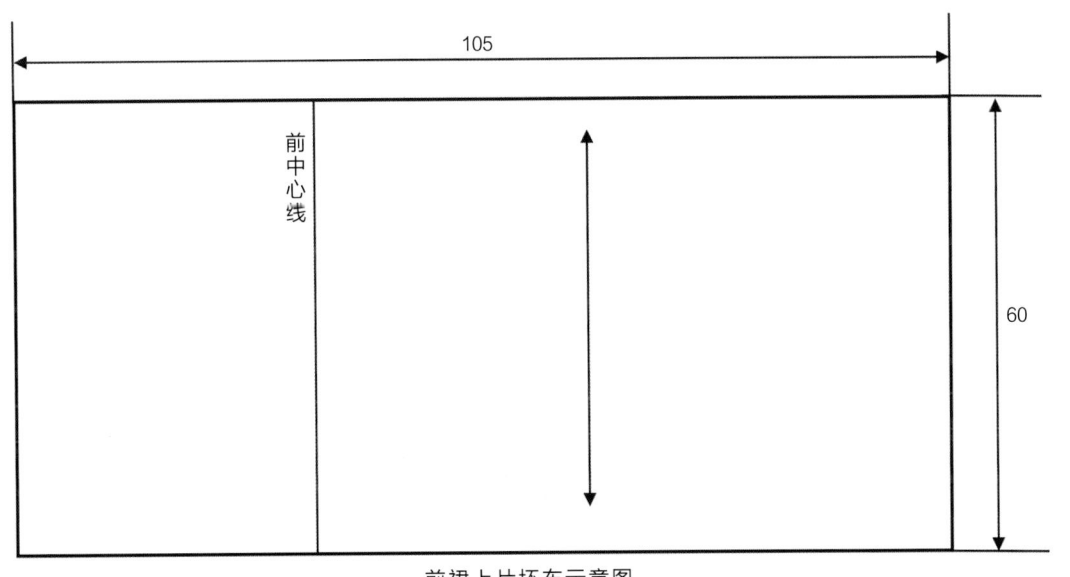

图2

3.2 贴标识带（图3）

根据款式图在人台上贴标识带。

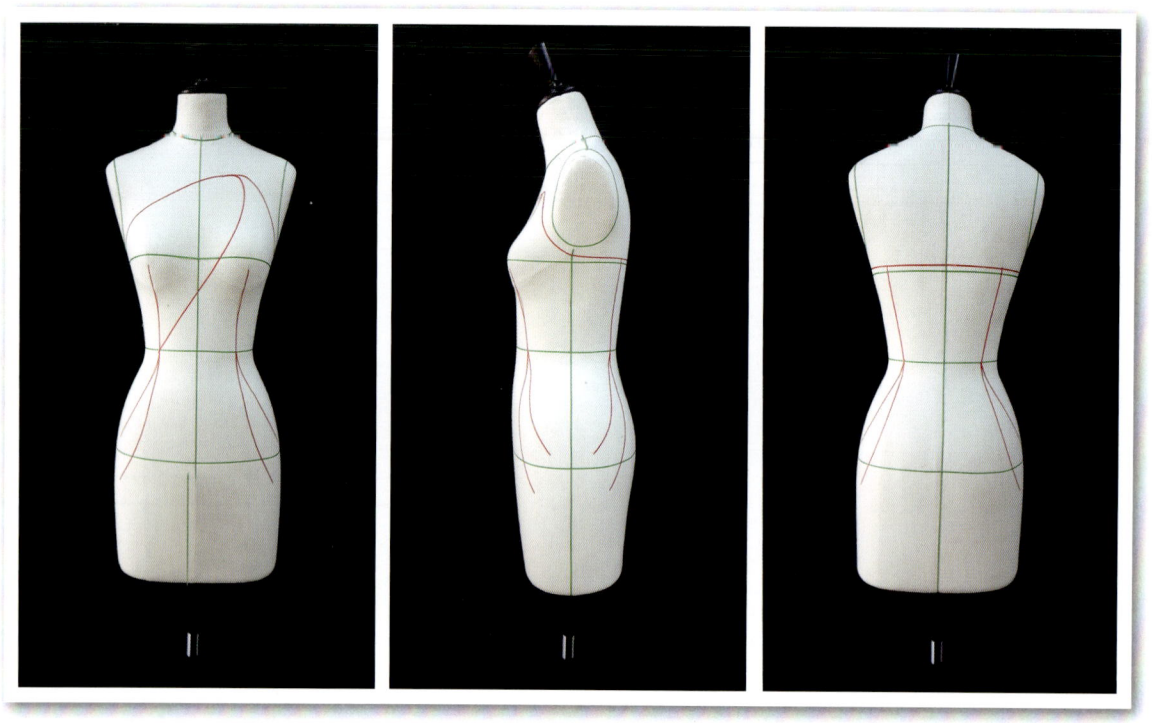

图3

3.3 做后裙上中片（图4）

将坯布的后中心线与人台的后中心线重合，用单针固定，根据款式图，做出后裙上中片。

3.4 做后裙上侧片（图5）

将坯布的纱向线与地平面垂直，用单针固定，根据款式图，预留腰部松量，做出后裙上侧片。

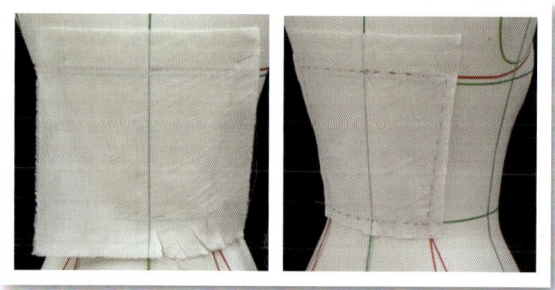

图4

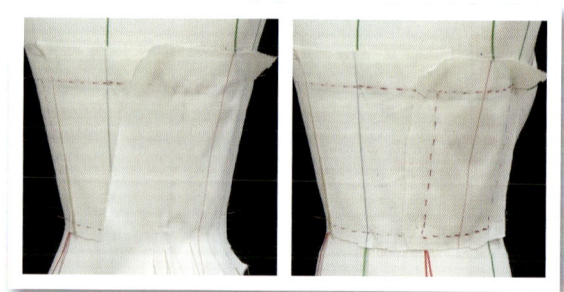

图5

3.5 做后裙下片（图6、图7）

（1）将坯布的后中心线与人台的后中心线重合，用单针固定，将臀部量推至腰部，根据款式图在腰部做出2个褶裥。

（2）检查各部位的平服度和松紧度，确认造型符合要求后，用记号笔以虚线的形式，把造型线标记出来，将多余的坯布修剪干净。

图6

图7

3.6 做前裙上片（图8、图9、图10）

（1）将坯布的前中心线与人台的前中心线重合，用单针固定，将右侧多余量推至腰部，做出右腰省。

（2）将左侧多余量推至腰部，做出左腰省；根据款式图做出胸部左侧造型。

（3）检查各部位的平服度和松紧度，确认造型符合要求后，用记号笔以虚线的形式，把造型线标记出来，将多余的坯布修剪干净。

图 8

图 9

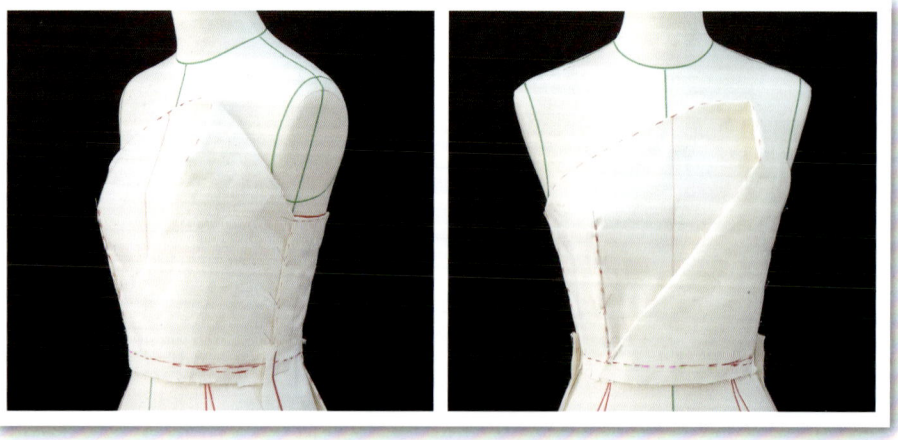

图 10

3.7 做前裙下片（图11、图12）

（1）将坯布的前中心线与人台的前中心线重合，用单针固定，将臀部量推至腰部，根据款式图在腰部做出2个褶裥。

（2）检查各部位的平服度和松紧度，确认造型符合要求后，用记号笔以虚线的形式，把造型线标记出来，将多余的坯布修剪干净。

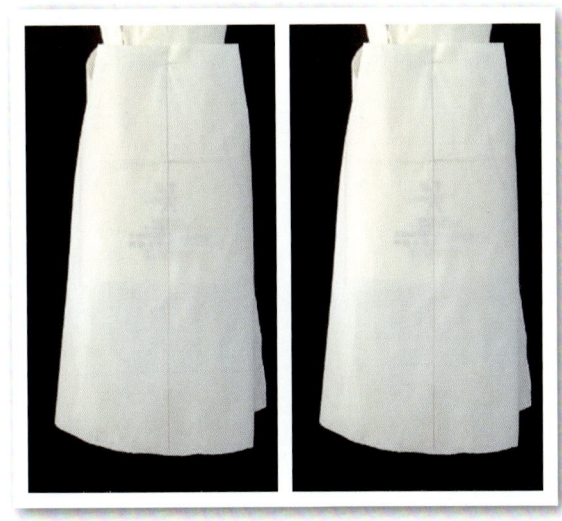

图11

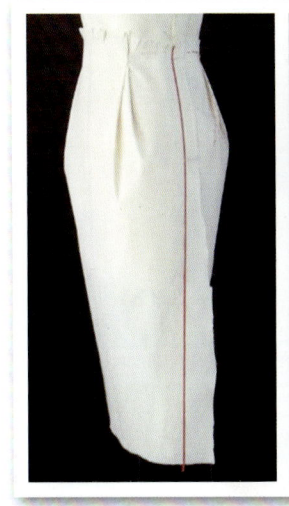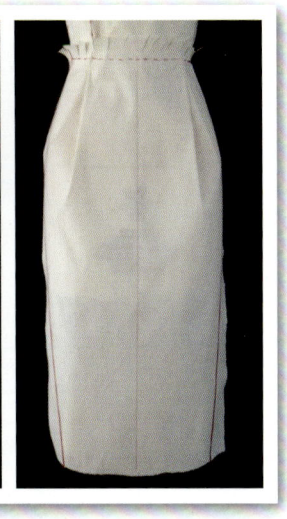

图11

3.8 别合侧缝（图13）

根据标记的造型线，用折合针法别合侧缝。

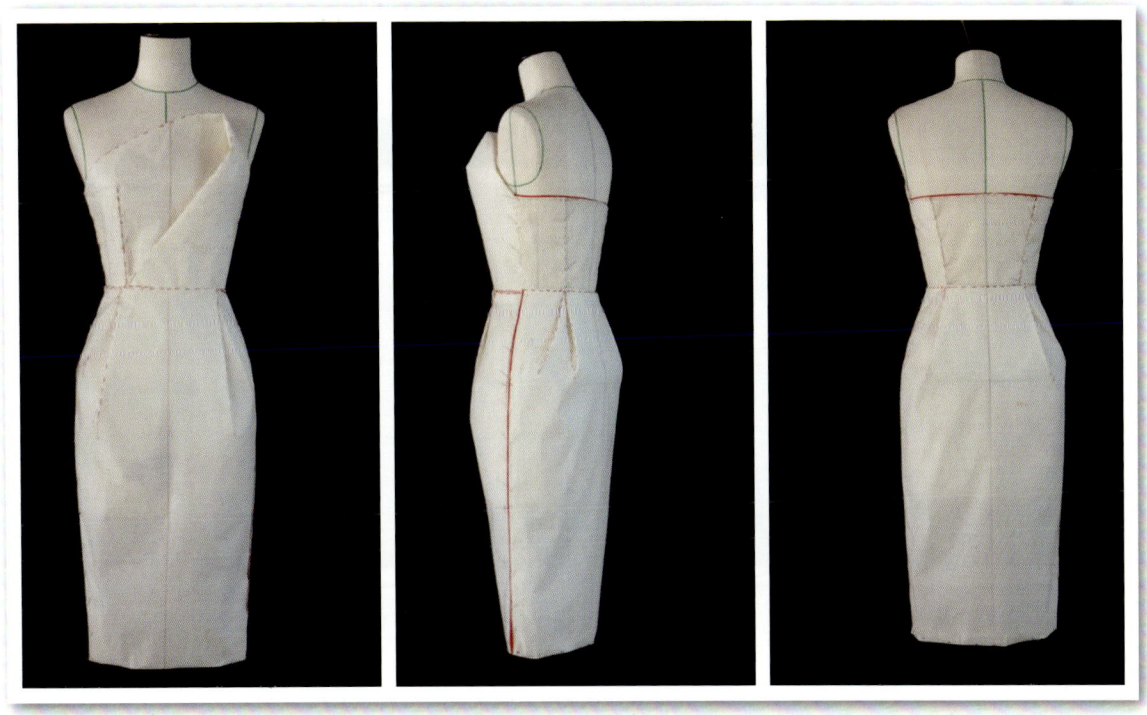

图13

4. 取样拓样

4.1 取样（图 14）

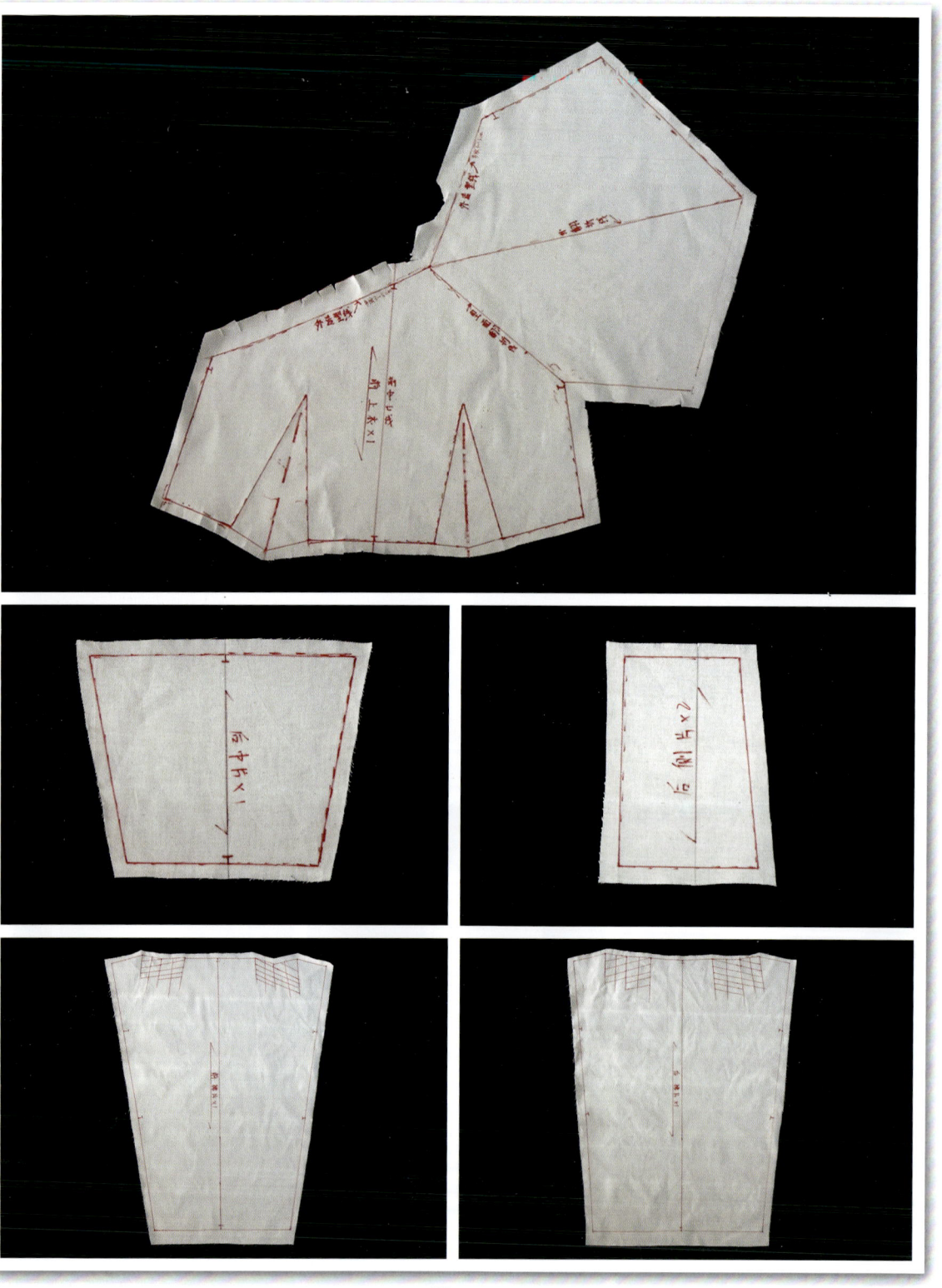

图 14

4.1 拓样（图15）

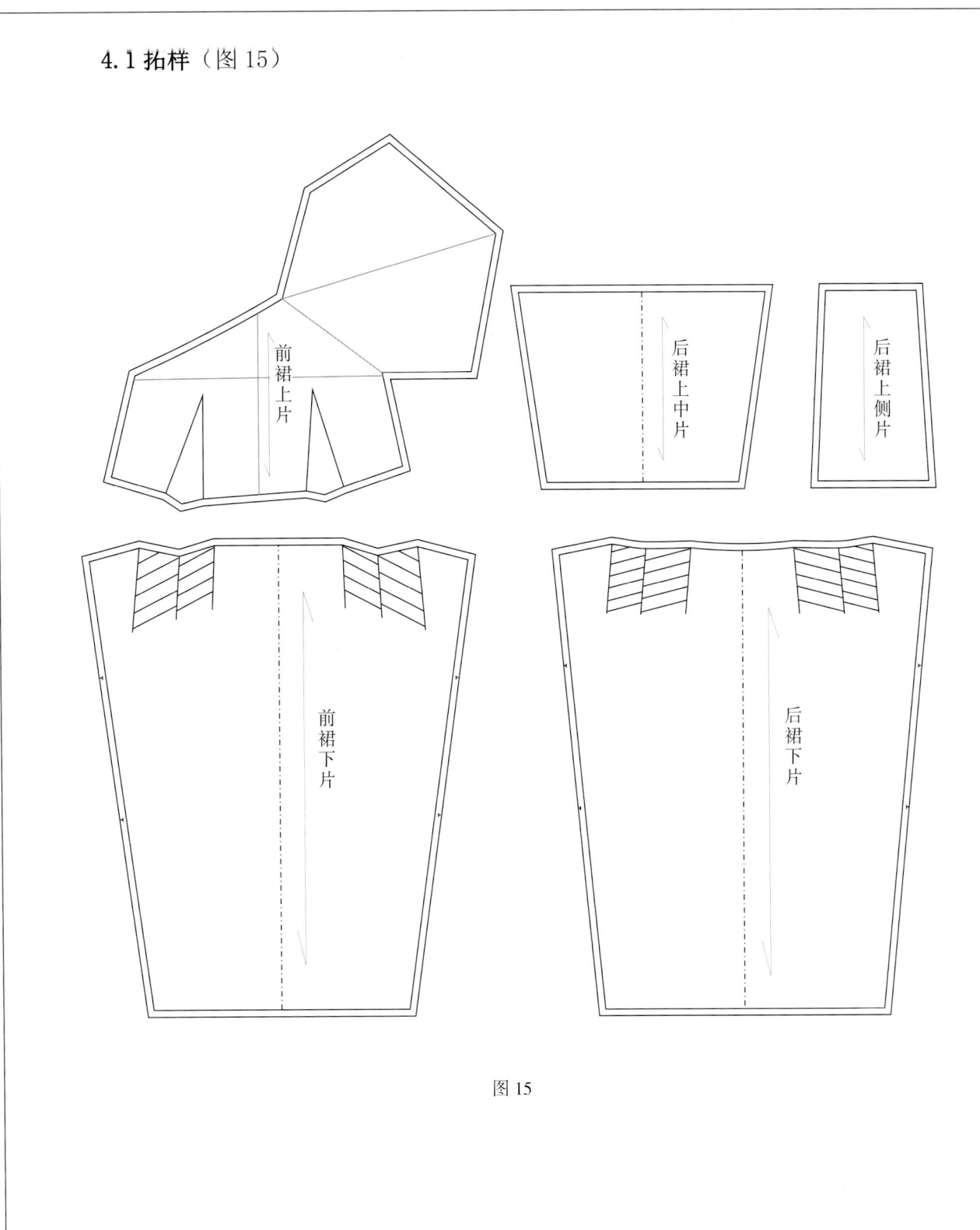

图 15

★ 任务要求

（1）准备好立体裁剪工具。

（2）根据款式图分析款式特点。

（3）运用立体裁剪操作手法，根据款式图完成立体裁剪任务。

★ 参考资料

约瑟夫－阿姆斯特朗. 服装立体裁剪[M]. 刘驰，钟敏维，译. 上海：东华大学出版社，2016.

邓鹏举，张志宇，徐曼曼. 服装立体裁剪[M].3版. 北京：化学工业出版社，2017.

三吉满智子. 服装造型学理论篇[M]. 郑嵘，张浩，韩洁羽，译. 北京：中国纺织出版社，2006.

★ 材料工具清单

款式图、人台、坯布、熨斗、标识带、珠针、针插、打版尺、曲线尺、软尺、记号笔。

★ 质量检测要求

（1）**工艺要求**：大头针针尖排列有序，间距均匀，针尖方向一致，针脚小；缝份倒向合理，缝子平整；毛边处理光净整齐，无毛露；布料纱向正确，符合结构和款式风格造型要求；标记点交代清楚。

（2）**外观造型要求**：裙身平衡，干净、整洁、无毛露；胸围松量适度，腰部合体修身；袖窿平服空隙佳，领口平服不外翻；整体造型线条流畅，无不良皱褶。

工作任务 2：V 领褶裥时尚合体连衣裙立体裁剪

工作任务单

★ **学习场**

女裙立体裁剪

★ **学习情境**

连衣裙立体裁剪

★ **学习性工作任务**

V 领褶裥时尚合体连衣裙立体裁剪

★ **典型工作过程**

立体裁剪准备—款式图分析—立体裁剪操作—取样拓样

★ **任务目标**

素养目标： 培养学生对专业的热爱和自主学习能力；提高学生的审美水平、创新意识；增强学生的团队合作意识、精益求精的工匠精神。

知识目标： 理解 V 领褶裥时尚合体连衣裙立体裁剪操作流程。

能力目标： 掌握 V 领褶裥时尚合体连衣裙立体裁剪操作手法与技巧；完成 V 领褶裥时尚合体连衣裙立体裁剪。

★ **任务流程图**

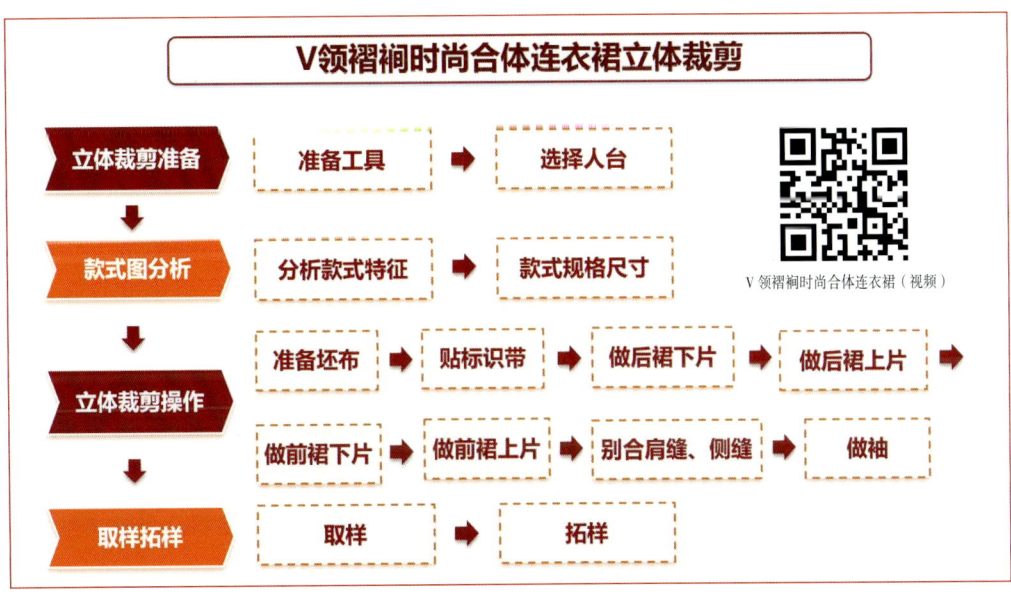

★ 任务描述

1. 立体裁剪准备

1.1 准备工具

珠针、针插、打版尺、曲线尺、软尺、记号笔、标识带等。

1.2 选择人台

（1）根据规格尺寸选择适合的人台（165/84A）。

（2）有需要可对人台进行补正，具体的补正方法详见学习场一补正人台。

2. 款式图分析（图1）

2.1 分析款式特征

（1）领：V领。

（2）裙型：合体X型。

（3）上半身：胸部左右各有5个大小不一的褶裥，左右对称，后片有腰背省。

（4）下半身：A型褶裥裙，前后腰线各有1个褶裥，倒向前中，腰线前后中心无缝，侧开拉链；底摆卷边。

（5）袖子：半碗泡泡袖，袖口嵌条。

图1

2.2 款式规格尺寸（表1）

表1 款式规格尺寸 单位：cm

部位	后裙长	胸围	腰围	肩宽	袖长	袖口
165/84A	100	92	72	36	12	32

3. 立体裁剪操作

3.1 准备坯布（图 2）

（1）根据款式确定坯布量：

前裙上片：长 × 宽 = 50cm×55cm，

后裙上片：长 × 宽 = 60cm×55cm，

前 / 后裙下片：长 × 宽 = 130cm×120cm，各 1 片。

（2）裁剪坯布，整理布纹。

（3）标记各裁片的布纹方向。

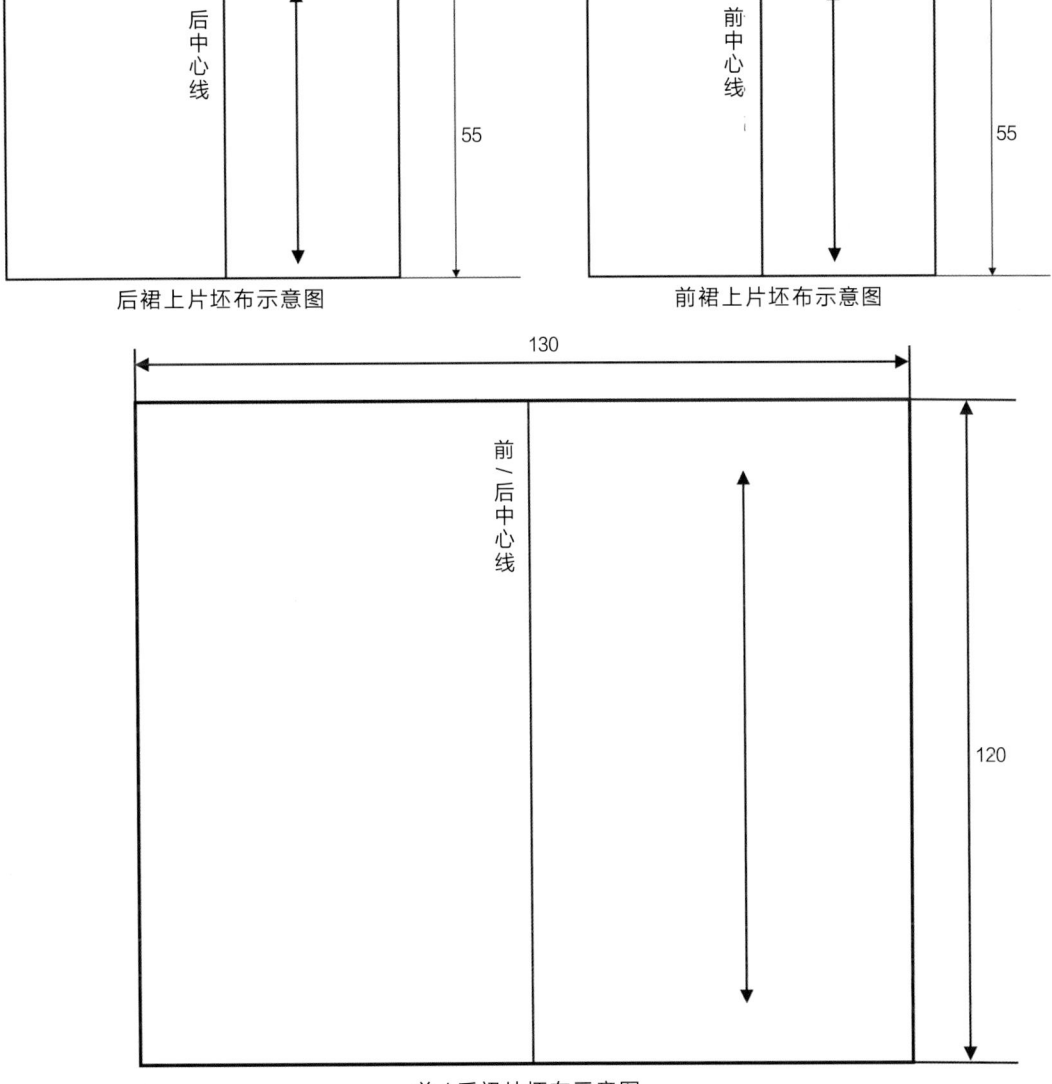

图 2

3.2 贴标识带（图3）

根据款式图在人台上贴标识带。

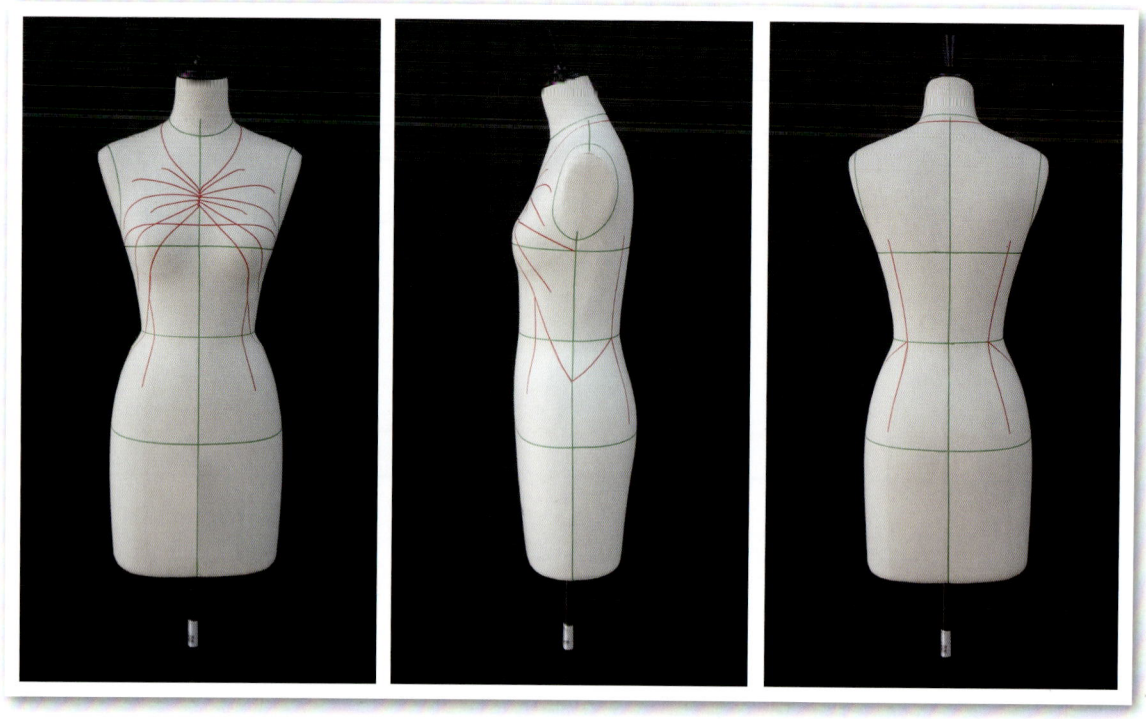

图3

3.3 做后裙下片（图4）

将坯布的后中心线与人台的后中心线重合并固定，根据款式图，捏出后裙褶裥造型。

3.4 做后裙上片（图5）

将坯布的后中心线与人台的后中心线重合并固定，把袖窿、侧缝松量推至腰部，捏出后腰省及后腰分割造型。

检查后裙各部位的平服度和松紧度，确认造型符合要求后，用记号笔标记各部位造型线。

图4

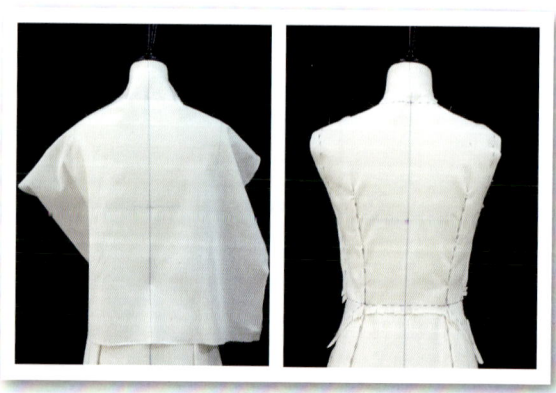

图5

3.5 做前裙下片（图6）

将坯布的前中心线与人台的前中心线重合固定并根据款式图，捏出前裙褶裥造型，确定裙长。

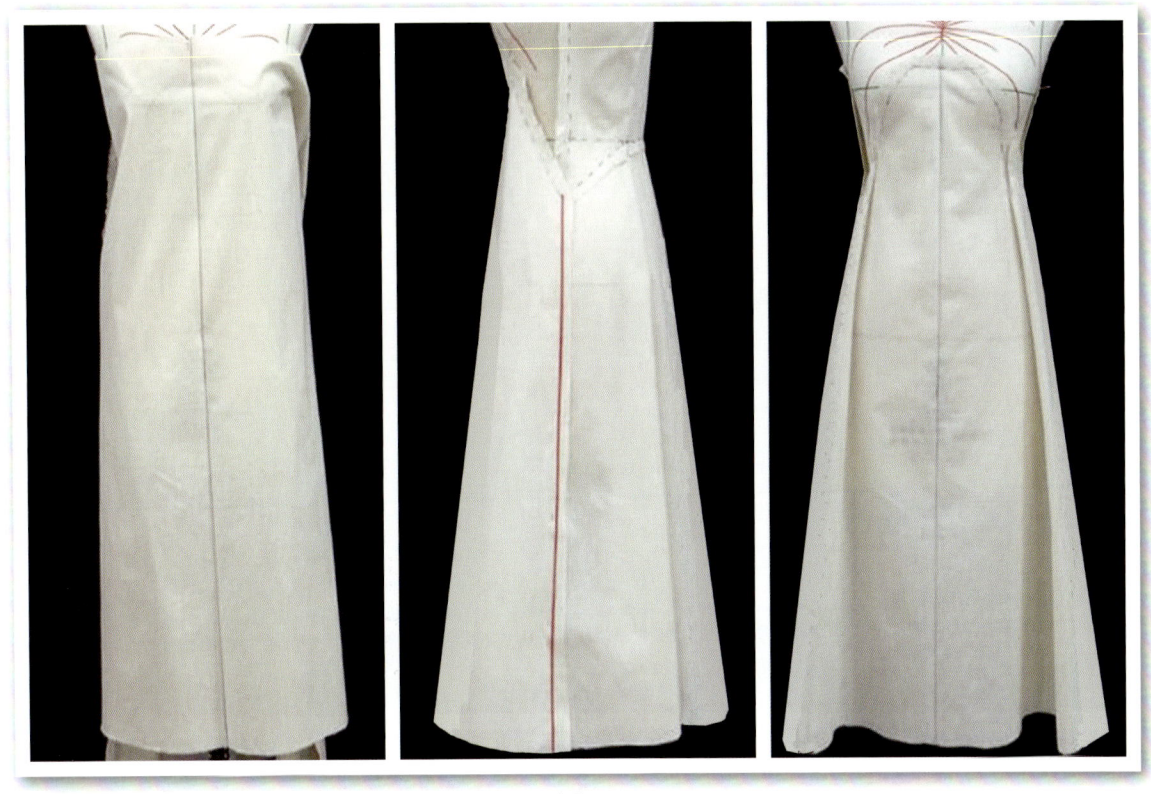

图6

3.6 做前裙上片（图7）

将坯布的前中心线与人台的前中心线重合并固定，把袖窿、侧缝松量推至前中心，捏出前中5个褶裥造型。

检查前裙各部位的平服度和松紧度，确认造型符合要求后，用记号笔标记各部位造型线。

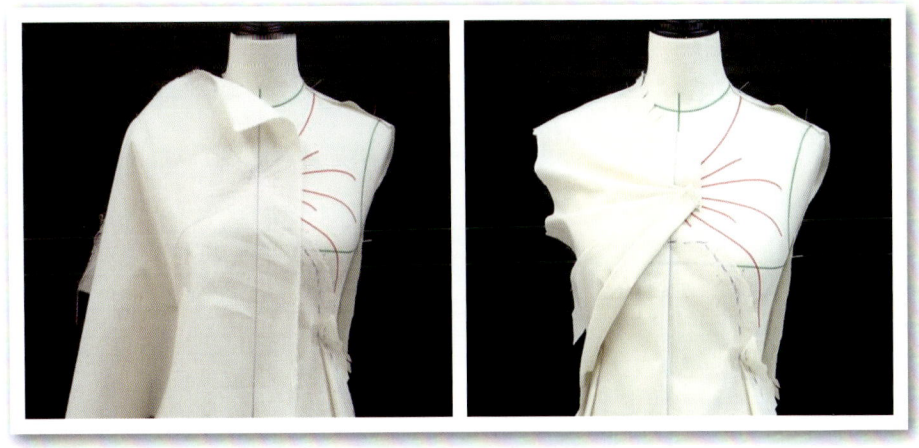

图7

3.7 别合肩缝、侧缝（图8）

根据标记的造型线，用折合针法别合肩缝、侧缝。

图8

3.8 做袖（图9、图10）

（1）用平面制版法绘制泡泡袖纸样。

（2）裁剪袖片，缝制袖片，装袖，包袖口嵌条，完成V领褶裥时尚合体连衣裙立体裁剪。

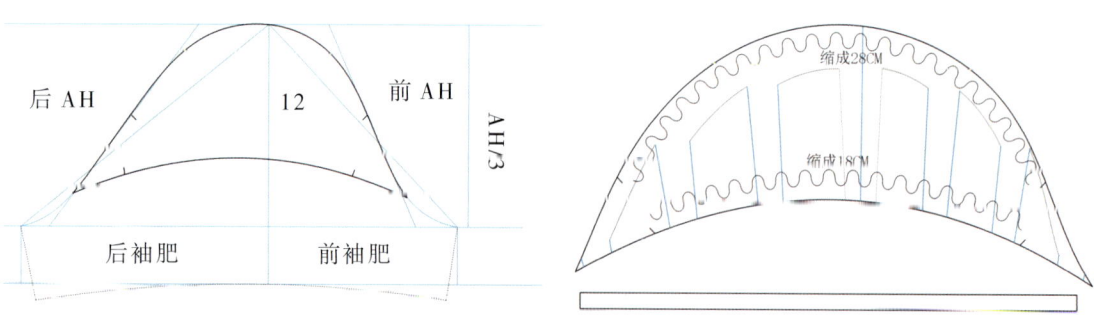

图9

图 10

4. 取样拓样

4.1 取样(图 11)

图 11

4.1 拓样（图12）

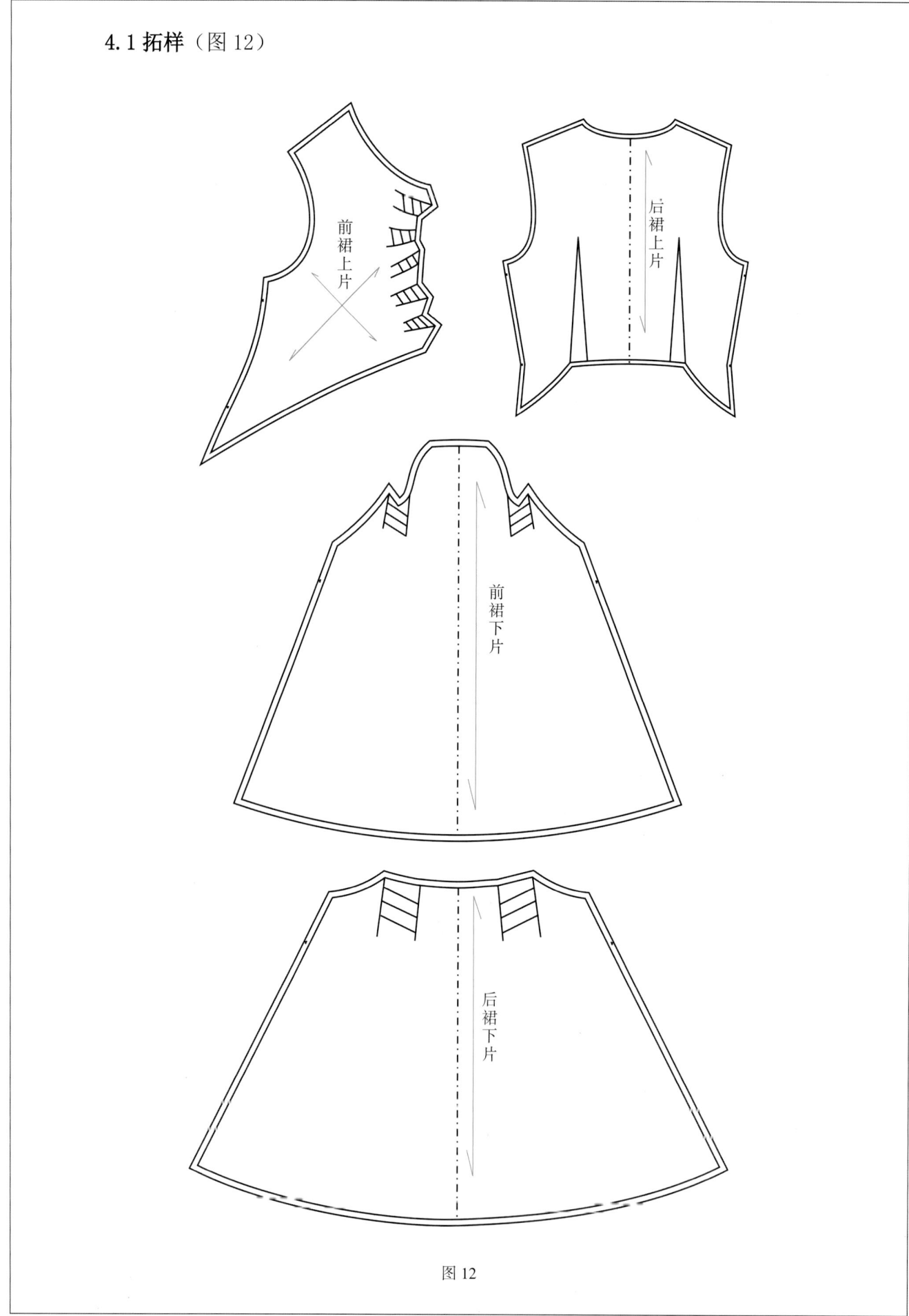

图12

★ 任务要求

（1）准备好立体裁剪工具。

（2）根据款式图分析款式特点。

（3）运用立体裁剪操作手法，根据款式图完成立体裁剪任务。

★ 参考资料

约瑟夫－阿姆斯特朗．服装立体裁剪［M］．刘驰，钟敏维，译．上海：东华大学出版社，2016.

邓鹏举，张志宇，徐曼曼．服装立体裁剪［M］．3版．北京：化学工业出版社，2017.

三吉满智子．服装造型学理论篇［M］．郑嵘，张浩，韩洁羽，译．北京：中国纺织出版社，2006.

★ 材料工具清单

款式图、人台、坯布、熨斗、标识带、珠针、针插、打版尺、曲线尺、软尺、记号笔。

★ 质量检测要求

（1）**工艺要求**：大头针针尖排列有序，间距均匀，针尖方向一致，针脚小；缝份倒向合理，缝子平整；毛边处理光净整齐，无毛露；布料纱向正确，符合结构和款式风格造型要求；标记点交代清楚。

（2）**外观造型要求**：衣身平衡，干净、整洁、无毛露；胸围松量分配适度，胸和肩胛骨立体适度；腰部合体；袖窿平服，空隙量适度；领口圆顺，止口不外翻，无浮起或紧拉；无不良皱褶；袖山饱满，袖子的前斜、碎褶均匀、大小、比例正确；裙下摆圆润，底边不起吊、不外翻。

工作任务3：连身立领时尚合体连衣裙立体裁剪

工作任务单

★ **学习场**

女裙立体裁剪

★ **学习情境**

连衣裙立体裁剪

★ **学习性工作任务**

连身立领时尚合体连衣裙立体裁剪

★ **典型工作过程**

立体裁剪准备—款式图分析—立体裁剪操作—取样拓样

★ **任务目标**

素养目标： 培养学生对专业的热爱和自主学习能力；提高学生的审美水平、创新意识；增强学生的团队合作意识、精益求精的工匠精神。

知识目标： 理解连身立领时尚合体连衣裙立体裁剪操作流程。

能力目标： 掌握连身立领时尚合体连衣裙立体裁剪操作手法与技巧；完成连身立领时尚合体连衣裙立体裁剪。

★ **任务流程图**

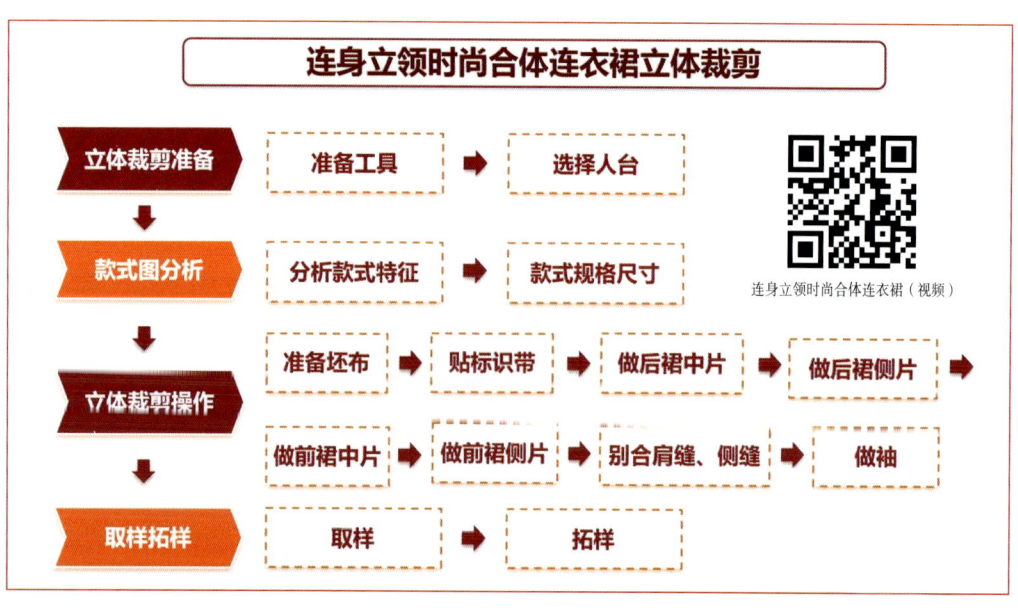

连身立领时尚合体连衣裙（视频）

★ 任务描述

1. 立体裁剪准备

1.1 准备工具

珠针、针插、打版尺、曲线尺、软尺、记号笔、标识带等。

1.2 选择人台

（1）根据规格尺寸选择适合的人台（165/84A）。

（2）有需要时可对人台进行补正，具体的补正方法详见学习场一补正人台。

2. 款式图分析（图1）

2.1 分析款式特征

（1）领：连身立领。

（2）裙型：合体X型。

（3）上半身：前后腰分割与领贯通，止于领公主线上；左右对称，右侧拉链。

（4）下半身：前后腰线各有1个工字褶裥，底摆卷边。

（5）袖子：半碗袖，袖口内贴边。

图1

2.2 款式规格尺寸（表1）

表1 款式规格尺寸

单位：cm

部位	后裙长	胸围	腰围	肩宽	袖长	袖口
165/84A	100	92	72	36	12	32

3. 立体裁剪操作

3.1 准备坯布（图2）

（1）根据款式确定坯布量。

前裙侧片：长 × 宽 ＝ 50cm×55cm，

后裙侧片：长 × 宽 ＝ 60cm×55cm，

前／后裙中片：长 × 宽 ＝ 130cm×120cm，各1片。

（2）裁剪坯布，整理布纹。

（3）标记各裁片的布纹方向。

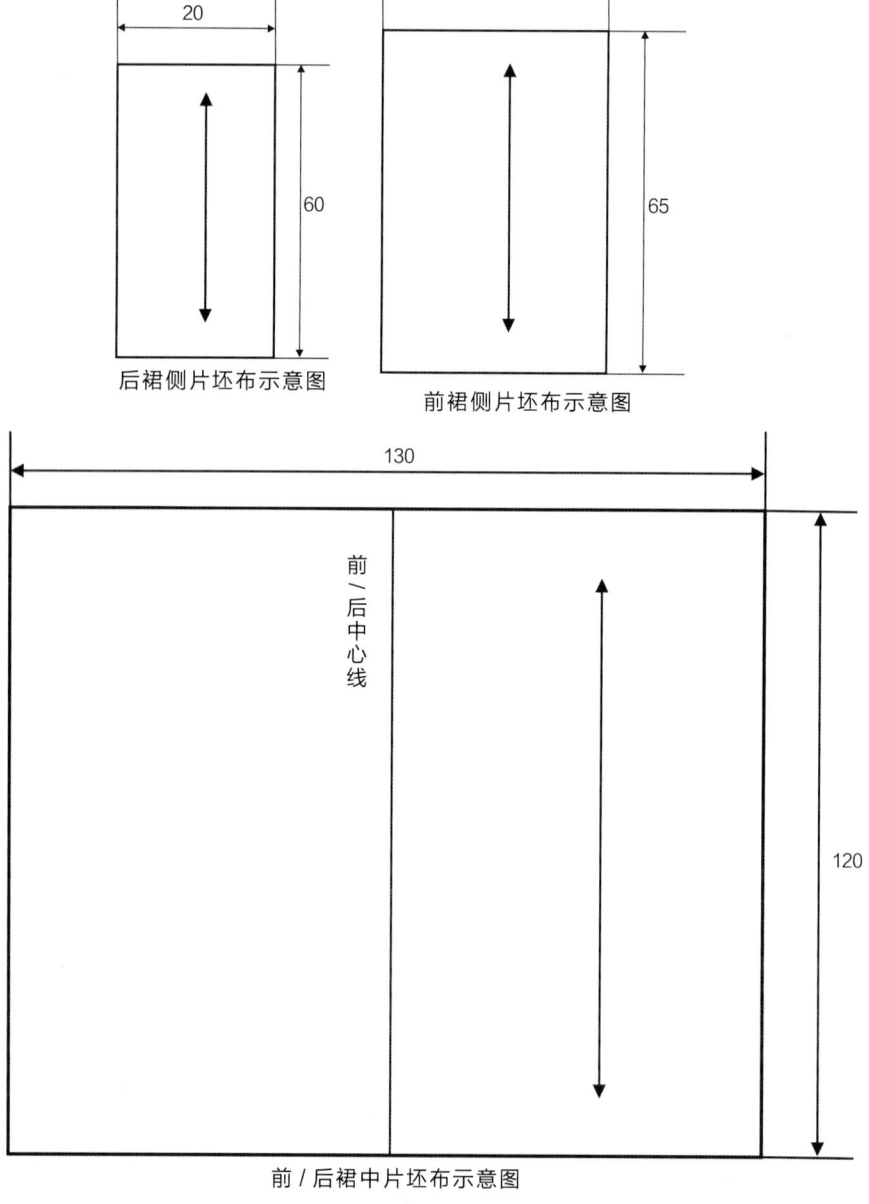

图2

3.2 贴标识带（图 3）

根据款式图在人台上贴标识带。

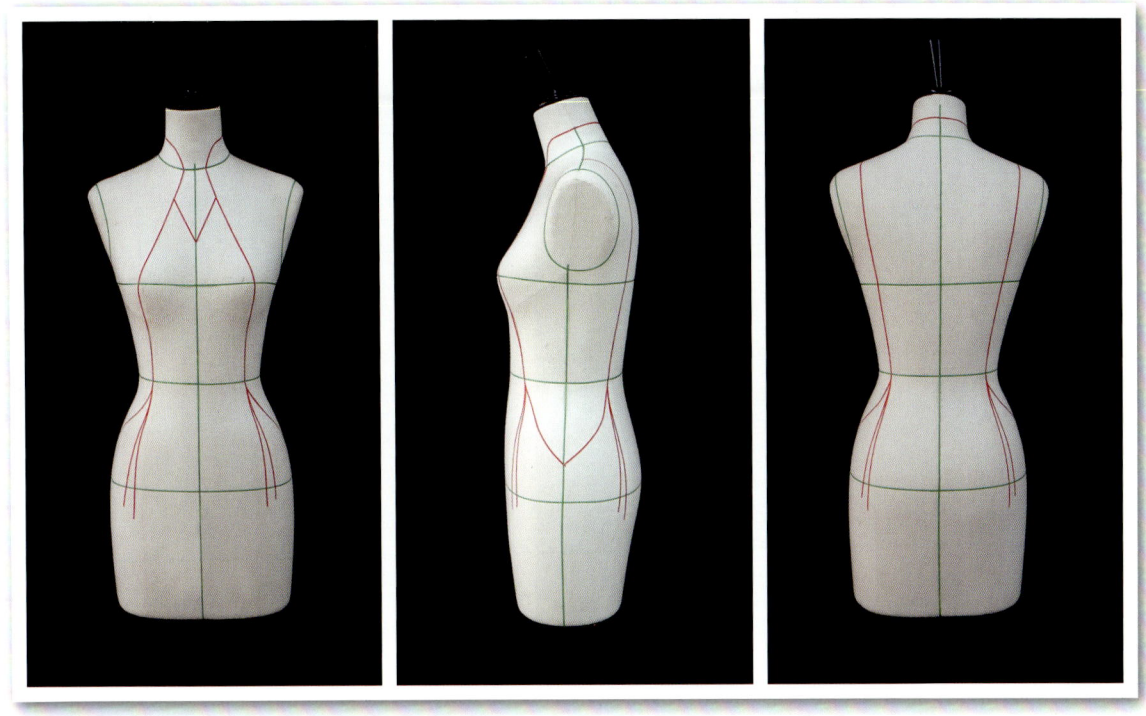

图 3

3.3 做后裙中片（图 4、图 5）

将坯布的后中心线与人台的后中心线重合，用单针固定，根据款式图，捏出后裙工字褶裥造型。

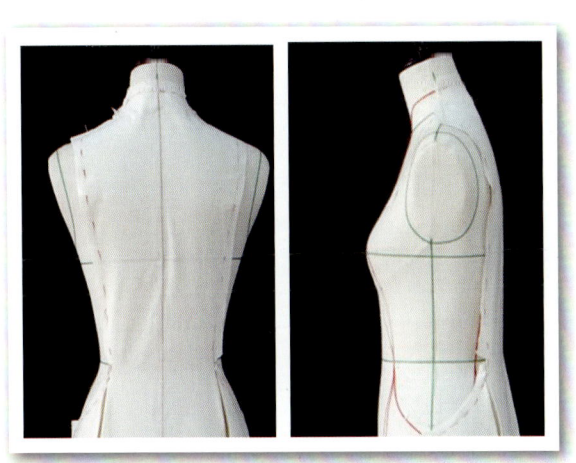

图 4

图 5

3.4 做后裙侧片（图6）

将坯布的纱向线与地面垂直，用单针固定，根据款式图做出后裙侧片造型。

图6

3.5 做前裙中片（图7）

将坯布的前中心线与人台的前中心线重合，用单针固定，根据款式图，捏出前裙褶裥造型，确定裙长。

图7

3.6 做前裙侧片（图8）

将坯布的纱向线与地面垂直，用单针固定，根据款式图做出前裙侧片造型。

检查前裙各部位的平服度和松紧度，确认造型符合要求后，用记号笔标记各部位造型线。

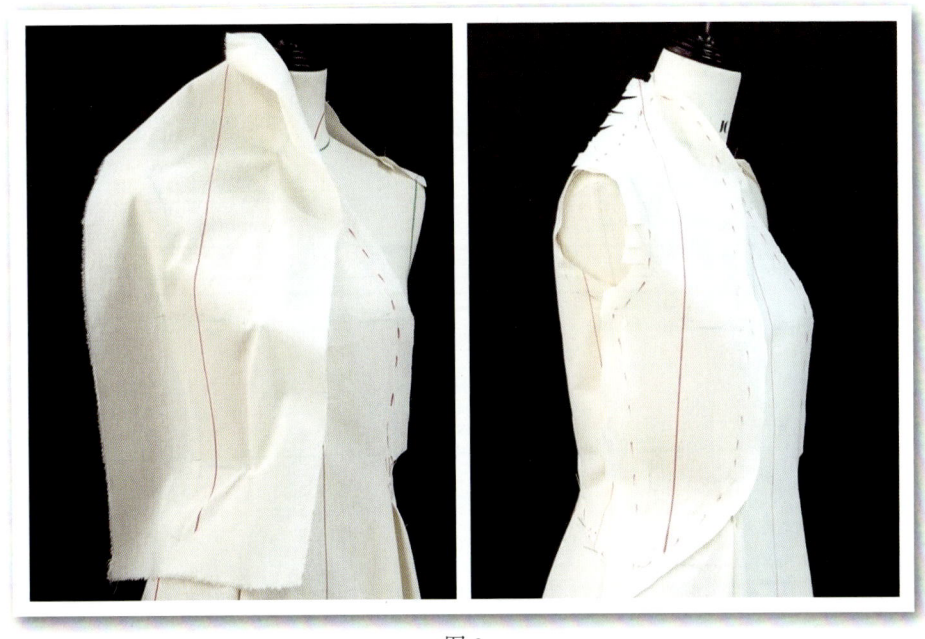

图8

3.7 别合肩缝、侧缝（图9）

根据标记的造型线，将多余的坯布修剪干净，用折合针法别合肩缝、侧缝。

图9

3.8 做袖（图10、图11）

（1）用平面制版法绘制褶裥袖纸样。

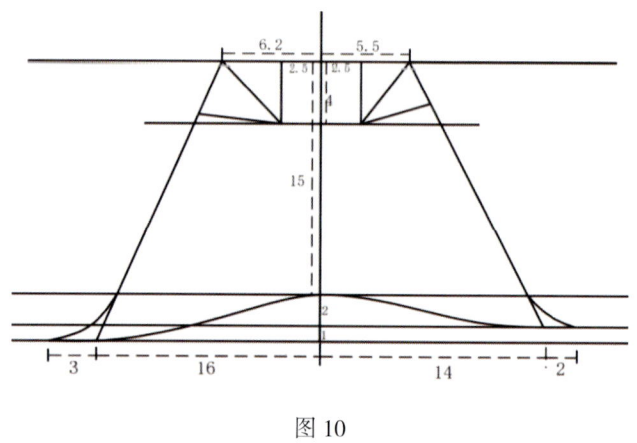

图10

（2）裁剪袖片，缝制袖片，装袖，完成连身立领时尚合体连衣裙立体裁剪。

图11

4. 取样拓样

4.1 取样(图12)

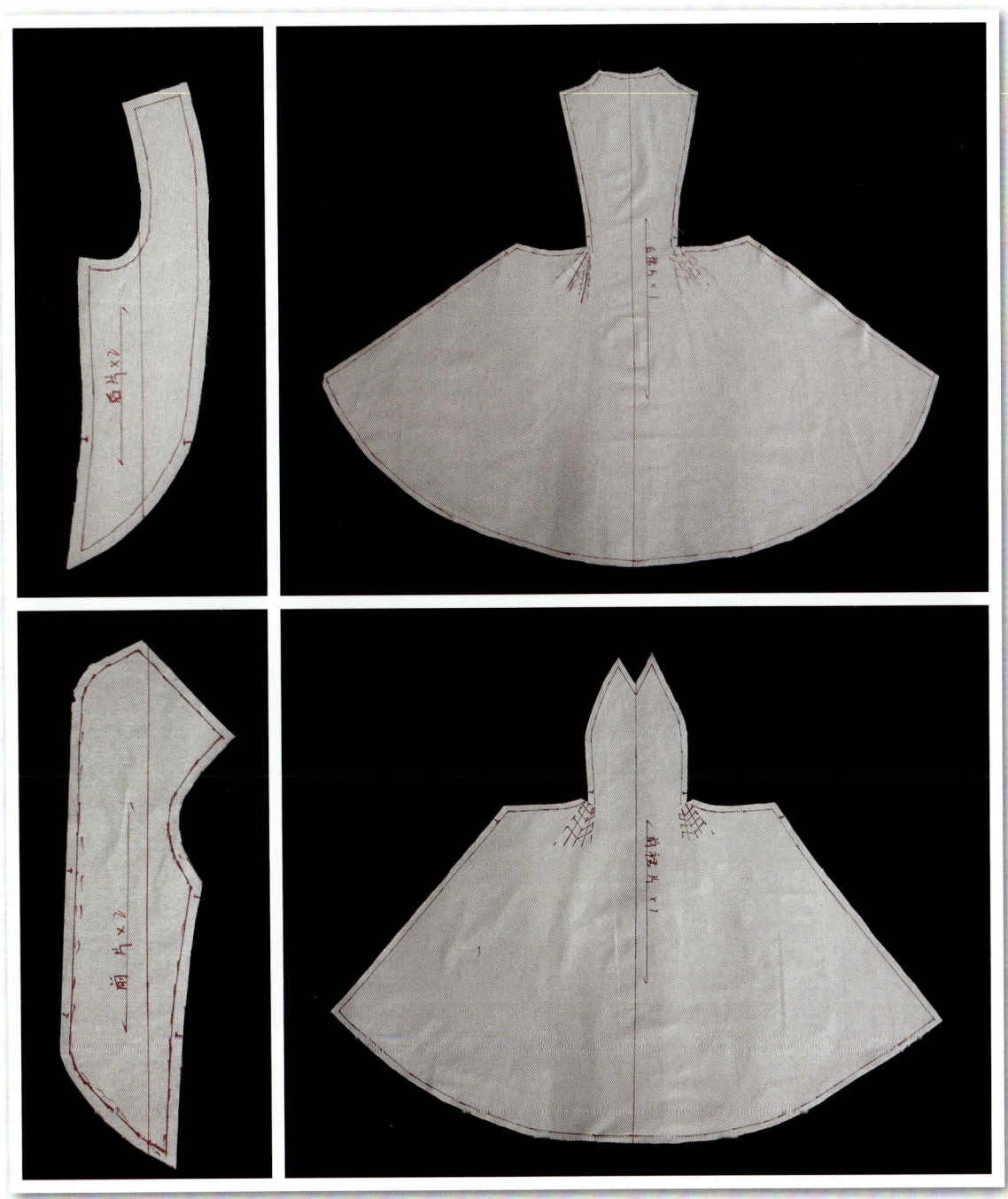

图12

4.2 拓样（图 13）

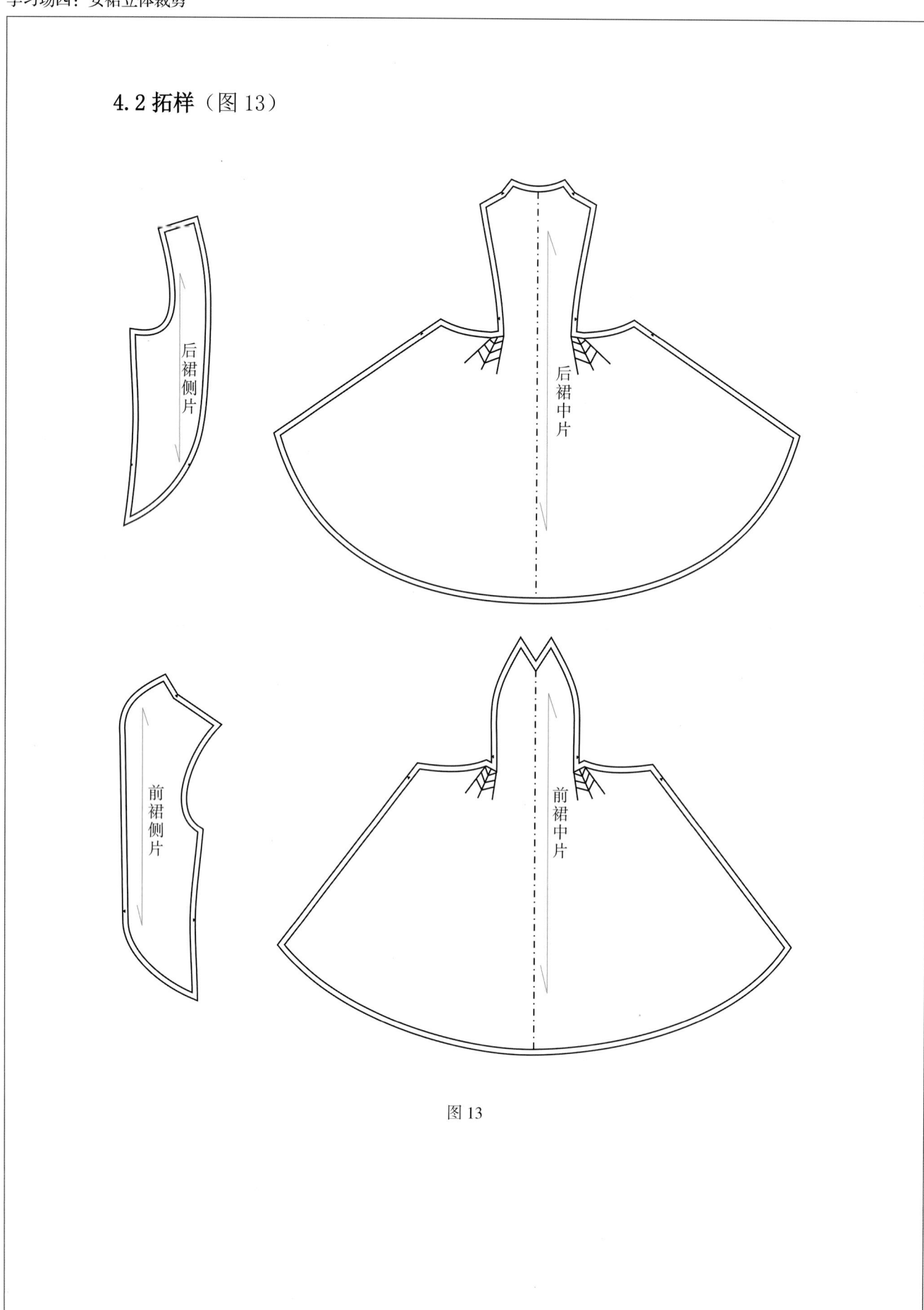

图 13

★ 任务要求

（1）准备好立体裁剪工具。

（2）根据款式图分析款式特点。

（3）运用立体裁剪操作手法，根据款式图完成立体裁剪任务。

★ 参考资料

约瑟夫-阿姆斯特朗．服装立体裁剪［M］．刘驰，钟敏维，译．上海：东华大学出版社，2016．

邓鹏举，张志宇，徐曼曼．服装立体裁剪［M］．3版．北京：化学工业出版社，2017．

三吉满智子．服装造型学理论篇［M］．郑嵘，张浩，韩洁羽，译．北京：中国纺织出版社，2006．

★ 材料工具清单

款式图、人台、坯布、熨斗、标识带、珠针、针插、打版尺、曲线尺、软尺、记号笔。

★ 质量检测要求

（1）工艺要求： 大头针针尖排列有序，间距均匀，针尖方向一致，针脚小；缝份倒向合理，缝子平整；毛边处理光净整齐，无毛露；布料纱向正确，符合结构和款式风格造型要求；标记点交代清楚。

（2）外观造型要求： 衣身平衡，干净、整洁、无毛露；胸围松量分配适度，胸和肩胛骨立体适度；腰部合体；袖窿平服，空隙量适度；领口圆顺，止口不外翻，无浮起或紧拉；无不良皱褶；袖山饱满，袖子的前斜、碎褶均匀、大小、比例正确；裙下摆圆润，底边不起吊、不外翻。